教育部卓越教师培养计划改革项目成果教材

# 生物

## （上册）

主　编　聂　磊　肖金文

特配电子资源

微信扫码
· 延伸阅读
· 视频学习
· 互动交流

南京大学出版社

## 内容简介

本书根据高等职业教育教学及改革的实际需求，以教师教学实际工作岗位所需的基础知识和实践技能为基础，更新了教学内容，增加了一些新知识，适当扩展了知识面，突出实际性、实用性、实践性，以提高学生的基本能力和素质为目标，按模块化结构组织教学内容，注重实践能力和探究能力的培养，注重理论与实践的紧密结合。

本教材根据普通生物学的知识体系，安排了分子与细胞基础知识、遗传学基础知识、进化论与生态基础知识和新的生物技术这几个教学模块，并在有关章节及课外阅读部分介绍了生物学科发展的最新成果。本教材的使用对象是初中毕业生，因此内容体系参照高中教材的范围。每章前都提出了本章节的内容摘要，并提供了章节内容的思维导图，章节中、后附有实验内容和思考题。

本书既可作为高等职业技术院校、大中专及职工大学初等教育类、学前教育类、生物类等相关专业的教材，也可作为相关技术人员的参考教材。

**图书在版编目(CIP)数据**

生物. 上册 / 聂磊，肖金文主编. — 南京：南京大学出版社，2020.8(2023.8 重印)

ISBN 978-7-305-23598-6

Ⅰ. ①生… Ⅱ. ①聂… ②肖… Ⅲ. ①生物学－高等师范院校－教材 Ⅳ. ①Q

中国版本图书馆 CIP 数据核字(2020)第 127320 号

出版发行　南京大学出版社
社　　址　南京市汉口路 22 号　　　邮　编　210093
出 版 人　王文军

书　　名　生物(上册)
主　　编　聂 磊　肖金文
责任编辑　江宏娟　　　　　　　编辑热线　025 - 83592146

照　　排　南京南琳图文制作有限公司
印　　刷　南京鸿图印务有限公司
开　　本　787×1092　1/16　印张 7.25　字数 120 千
版　　次　2020 年 8 月第 1 版　2023 年 8 月第 3 次印刷
ISBN 978 - 7 - 305 - 23598 - 6
定　　价　36.00 元

网址：http://www.njupco.com
官方微博：http://weibo.com/njupco
官方微信号：njupress
销售咨询热线：(025)83594756

# 前　言

　　学前教育、小学教育作为国民教育的重要组成部分，是以培养具有一定理论知识和较强实践能力，面向教育教学的专门人才为目的的教育。它的课程特色是在必需、够用的理论知识基础上进行系统的学习和专业技能的训练。

　　本教材根据学前教育、小学教育的特点，以教师教学实际工作岗位所需的基础知识和实践技能为基础，以提高学生的基本能力和素质为目标，按模块化结构组织教学内容，注重实践能力和探究能力的培养，注重理论与实践的紧密结合，突出"实际性、实用性、实践性"，旨在使学生通过学习了解生物学的基本思想，掌握基本原理和基本方法，并把知识应用到实践中去，培养科学教育实践的基本素质，具备生命科学的阅读、探究和实验的基本能力。

　　本教材根据普通生物学的知识体系，安排了分子与细胞基础知识、遗传学基础知识、进化论与生态基础知识和新的生物技术这几个教学模块，并在有关章节及课外阅读部分介绍了生物学科发展的最新成果。本教材的使用对象是初中毕业生，因此内容体系参照高中教材的范围。每章前都提出了本章节的内容摘要，并提供了章节内容的思维导图，章节中、后附有实验内容和思考题。

　　本书既可作为高等院校初中起点5年制、6年制学前、小学教育类专业的教材，也可作为高等职业技术院校、大中专及职工大学初等教育类、学前教育类、生物类等相关专业的教材，以及相关技术人员的参考教材。

　　全书由长沙师范学院聂磊、桂林师范高等专科学校肖金文担任主编，最后由聂磊负责统稿审定。

　　由于编者水平有限，经验不足，书中的缺点和错误在所难免，恳请读者给予批评指正。

编　者

2020 年 6 月

# 目　录

## 第 5 章　现代生物技术的简介

# 绪　论

## 一、什么是生物

世界上最令人惊奇的，莫过于生命本身。然而，什么是生命，却是一个不易回答的问题。为了回答这一问题，拿生物与非生物相比较，必须要知道生物的基本特征。

### 1. 生物的化学成分具有统一性

构建生物必需的元素有 20 多种，其中 C、O、N、H 四种元素含量占 90％以上。构成细胞的化合物，包括水、糖类、脂类、蛋白质、核酸和无机盐等。这些构成物质在不同的生物体内的作用基本相同。

### 2. 生物具有严谨有序的结构

除了病毒、朊病毒和类病毒外，所有生物的基本结构和功能单位都是细胞。单细胞生物的一个细胞就是一个生物体，多细胞生物在细胞之上还有组织、器官、系统和整个生物体。

### 3. 生物都能进行新陈代谢

生物是个有选择性的开放系统，生物需要从环境中摄取所需要的营养物质将其转变为自身物质，同时也将自身不需要或不能利用的物质排出体外，在物质交换的同时获得生命活动所需要的能量。

## 4. 生物对环境的适应性

生物对外界的变化会做出反应，并随环境的变化对体内的各种生命活动进行自我调节，以适应环境。生物同时又对环境产生影响，环境会因生命活动而发生改变。

## 5. 生物具有个体发育和进化的历史

生长是生物体积和重量逐渐增加、由小到大的过程，是量变。发育指生物器官完善和生命机能的成熟，是质变。进化就是遗传、变异和自然选择的长期作用导致的生物由低等到高等、由简单到复杂的逐渐演变过程。

## 6. 生物通过繁殖而延续

生物可以繁殖产生与自身相似的后代，这种现象叫作遗传。遗传使生物体的特征得以延续。但是，子代与亲代之间以及子代不同个体之间还会产生一定程度的差异，这就是变异。遗传和变异也是生物进化的基础。

# 二、什么是生物学

生物学是研究生物体及其活动规律的科学，又称生命科学或生物科学。它是广泛研究生命的所有方面，包括生命现象，生命活动的本质、特征和发生、发展规律，以及各种生物之间和生物与环境之间相互关系的科学。

随着科学研究的深入，内容广泛的生命科学研究正在由宏观向微观深入发展，分子生物学正在向揭示生命本质的方向迈进，并与诸多学科交叉融合，成为 21 世纪发展最快的学科之一。生命科学与人类的生活关系越来越密切。

# 三、怎样学习生物学

## 1. 培养对生物学的兴趣

要学好生物学，首先要培养自己对生物学的兴趣，"兴趣是最好的老师"，只有对一门学科充满兴趣，才会取得辉煌的成绩。同学们不仅应该知道为什么要学习生命科学，还应该主动地去探索生命的奥秘，这种探索需要付出艰辛的劳动。但是，一旦有所理解或有所启示，有所收获或有所成就，兴趣便油然而生。

## 2. 提出问题和设想

孔子说过："学而不思则罔，思而不学则殆。"为了使提出的问题有意义，为了使寻找答案的途径更科学，首先要学习生命科学最基本的知识，学习前人总结的宝贵经验和理论。牛顿说："如果说我比别人看得更远些，那是因为我站在巨人的肩膀上。"带着问题学习，留出想象的空间是最好的方法。在学习过程中，请保持好奇天性和经常思考与提问的习惯。同时，利用课余时间，多阅读几本有关生命科学的书籍或参考书是非常有益的。

## 3. 学习了解生物科学研究的方法

（1）观察描述的方法

观察或描述的方法，是生物学的基本研究方法。生物体具有多层次的复杂的形态结构。每一个历史时期都有形态描述的记录。20世纪30年代出现了电子显微镜，使观察和描述深入到超微世界。人们通过电子显微镜看到了支原体和病毒，也看到了细胞器的超微结构。由于细胞是生命的基本单位，是生命活动的最小系统，因而揭示它构造上的细节，对揭示生命的本质具有重大意义。

（2）比较的方法

随着时代的快速发展，比较的方法已经不限于生物体的宏观形态结构的比较，而是深入到不同属种的蛋白质、核酸等生物大分子化学结构的比较，如不同物种的细胞色素 C 的化学结构的测定和比较。根据其差异程度可以对物种的亲缘关系给出定量的估计。

（3）实验的方法

生物学实验技术在 20 世纪突飞猛进。随着现代物理学、化学的发展，生物学新的实验方法纷纷出现。层析、分光光度法、电泳、超速离心、同位素示踪、X 射线衍射分析、示波器、激光、电子计算机等相继应用于生物学研究。细胞培养、细胞融合、基因操作、单克隆抗体、酶和细胞固定化以及连续发酵等新技术纷纷建立，使生物学实验中对条件的控制更为有效、严格，观察和测量更为精密，这就有可能详尽地探索生物体内物质的、能量的和信息的动态过程。

# 第 1 章　细胞——生命的基本单位

**章 首 语** ▶

　　生命元素中,碳元素具有特别重要的作用。生物大分子的基本性质取决于有机化合物的碳骨架和功能基团。蛋白质、核酸、脂质和多糖等,都是由含有功能基团的相同或相近的单体脱水缩合而成。

　　细胞是具有完整生命力的最简单的物质集合形式。细胞是生物体生长发育的基础。细胞的出现又是生物进化的起点。细胞的形状多种多样,大小各不相同。按照结构的复杂程度及进化顺序,细胞可归并为原核细胞和真核细胞。按照细胞的自养与异养类型还可将大部分真核细胞分为植物细胞和动物细胞。

　　真核细胞分裂涉及染色体复制、有丝分裂、减数分裂等复杂过程。在细胞分裂时期,染色质上的 DNA 分子经过折叠、凝缩,并与蛋白质结合,形成染色体。

思维导图 ▶

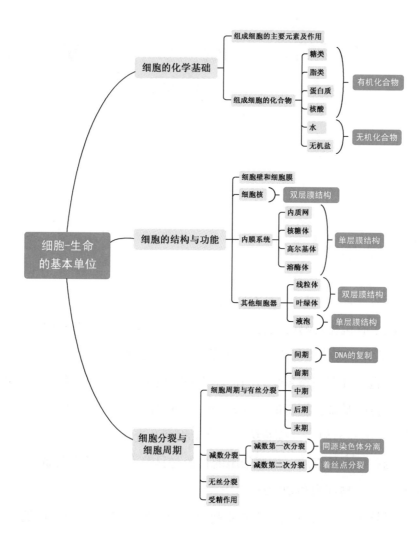

## 1.1　细胞的化学基础

　　地球上的生命丰富多彩,但它们都具有一个共同点,即地球上的生命都是由细胞组成的。为了更好地认识细胞,我们从学习细胞的化学组成开始。

### 一、组成细胞的主要元素及作用

　　细胞中常见的化学元素有 20 多种,其中 C、H、O、N、P、S、K、Ca、Mg 等含量较多,称为大量元素;而 Fe、Mn、Zn、Cu、B、Si 等元素含量很少,称为微量元素。在鲜重状态下,含量最多的是 O;在干重状态下,含量最多的是 C。(图 1-1-1)

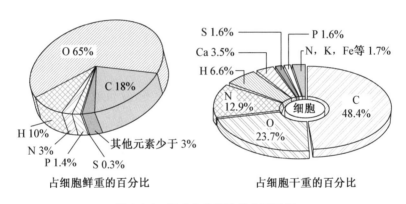

占细胞鲜重的百分比　　　　　占细胞干重的百分比

图 1-1-1　组成人体细胞的主要元素

　　在生命元素中,C 是构成生命物质的最基本的元素,碳元素本身的化学性质,使它能够形成各种生物大分子,这些生物大分子物质(如蛋白质和核酸)在生物体的生命活动中具有重要作用。O 和 H 一样,几乎存在于所有的有机化合物中。N 是核酸、酶、叶绿素、多种激素(如生长激素)等重要化合物的关键构成元素。P 是构成磷脂(生物膜的基本支架)和核酸、ATP 等的重要成分。

## 二、组成细胞的化合物

细胞中的化学元素大多以化合物的形式存在。构成细胞的化合物分为无机化合物和有机化合物两大类。无机化合物包括水和无机盐，有机化合物包括糖类、脂类、蛋白质和核酸等。这些化合物在细胞中的相对含量如图 1-1-2 所示。

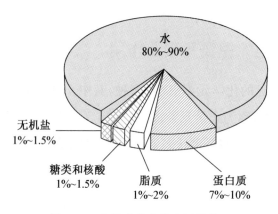

图 1-1-2　细胞中化合物含量饼状图

（一）糖类

糖类亦称碳水化合物，是自然界存在最多、分布最广的一类重要的有机化合物，由 C、H、O 三种元素组成。糖类是生命活动的主要能源，是细胞重要的结构成分（如纤维素和淀粉）。糖类包括小分子的单糖、二糖和大分子多糖。

糖类的单体称为单糖。重要的单糖有核糖、葡萄糖、果糖和半乳糖等。通常 C、H、O 比例为 1∶2∶1，一般化学通式为 $(CH_2O)_n$。

二糖由两分子单糖经过脱水缩合而成，亦可水解成单糖。重要的二糖有蔗糖、麦芽糖和乳糖等（图 1-1-3）。

图 1-1-3　几种二糖的组成示意图

多糖一般是由几百个或上千个单糖脱水缩合形成的,与人类生活关系密切。最重要的多糖有糖原、淀粉和纤维素等(图1-1-4)。植物细胞中贮存的多糖为淀粉;动物细胞中贮存的多糖为糖原,例如贮存在肝脏的肝糖原,贮存在肌肉中的肌糖原等。纤维素是植物细胞壁的主要成分,也是木材的主要成分,它所形成的网状纤维结构对植物细胞起保护作用。

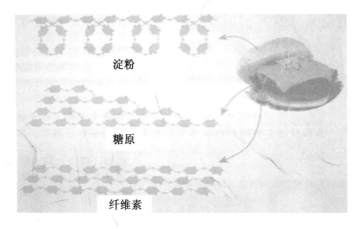

淀粉

糖原

纤维素

图1-1-4 淀粉、糖原、纤维素是由葡萄糖单体组成

（二）脂类

脂类广泛存在于动植物体内及其细胞中,是食用油的来源。其主要由C、H、O三种元素组成,有些种类的脂质还含有N、P等元素。脂类是细胞代谢的重要储能化合物。常见的脂类物质有脂肪、磷脂和固醇等,它们难溶于水,易溶于有机溶剂。

脂肪是一种最常见的脂类物质,它分布在动植物体内的脂肪细胞内,是一种良好的储能物质。例如,生活在南极的企鹅,其体内皮下脂肪厚达4厘米,厚厚的脂肪不仅是储能物质,它还具有保温和缓冲外界冲力的作用。

磷脂是构成生物膜结构的重要成分,在肝脏、脑、卵和大豆种子中的含量丰富。磷脂分解过高的血脂和过高的胆固醇,清扫血管,使血管循环顺畅,被公认为"血管清道夫"。

固醇类物质包括胆固醇、类固醇激素和胆汁酸。胆固醇是人体内不可缺少的一种物质,它是细胞膜的重要成分,参与血液中脂类物质的运输。但是,如果胆固醇的含量长期增高,则会引发心血管疾病。

（三）蛋白质

蛋白质是决定生物体结构和功能的重要成分。每一种蛋白质都由 C、H、O、N 四种元素组成。人体内有成千上万种蛋白质，不同的蛋白质有不同的结构和功能。蛋白质参与所有的生命活动过程。

氨基酸是蛋白质的基本组成单位。天然氨基酸有 20 种，不同氨基酸分子的结构具有共同的特点：每种氨基酸分子都由 1 个氨基（—$NH_2$）和 1 个羧基（—COOH）连接在同一个碳原子上，同时，这个碳原子还分别连接 1 个氢原子（—H）和 1 个侧链基团（—R）。其结构通式如图 1-1-5 所示。从图中可知，氨基酸的基本差别就在于 R 基团的变化。例如，最简单的氨基酸甘氨酸，其 R 基仅是一个氢原子。

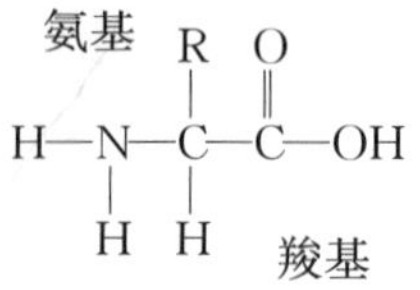

图 1-1-5　氨基酸分子结构通式

在所有生物大分子中，蛋白质是结构和功能最复杂的一类生物大分子，这种复杂性首先在于组成蛋白质的 20 种氨基酸可以以无限制的方式排列和组合。

不同种类、不同数量的氨基酸分子通过脱水缩合的方式，按照一定的排列次序连接成多肽链（图 1-1-6），多肽链盘曲、折叠成不同的空间结构，就形成了蛋白质分子。由于细胞内的氨基酸种类不同，数目成百上千，氨基酸形成多肽链时，排列的次序千变万化，多肽链形成的空间结构多种多样，因此，蛋白质的分子结构是极其多样的，这决定了细胞中蛋白质种类的多样性。

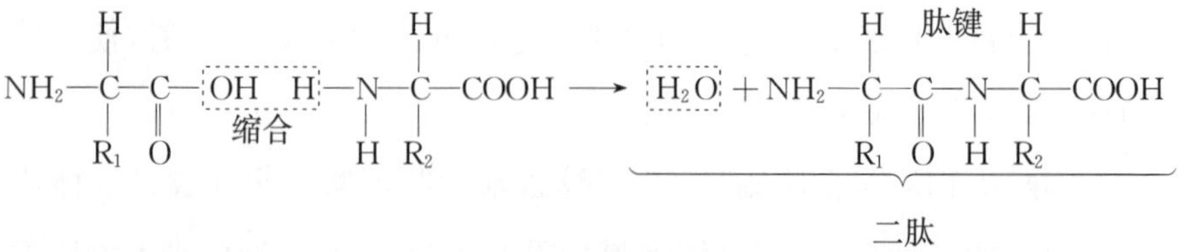

图 1-1-6　脱水缩合反应

知识链接

## 人体必需氨基酸

　　必需氨基酸是指动物自身不能合成，或合成的量不能满足动物的需要，必须由日常饮食提供的氨基酸。必需氨基酸共有 8 种：赖氨酸、色氨酸、苯丙氨酸、亮氨酸、异亮氨酸、苏氨酸、甲硫氨酸和缬氨酸。研究发现组氨酸为婴儿所必需，因此婴儿的必需氨基酸为 9 种。非必需氨基酸是指可不由日常饮食提供，动物体内能合成且可满足需要的氨基酸。非必需氨基酸并不是说动物在生长和维持生命的过程中不需要这些氨基酸。实际情况下，动物饮食在提供必需氨基酸的同时，也提供了大量的非必需氨基酸，不足的部分才由体内合成。

　　蛋白质结构的多样性，使得蛋白质具有多种重要的功能。有些蛋白质具有运输载体的功能，如血红蛋白，它能将肺部的氧气转运到体内的其他部位；一些蛋白质是构成细胞和生物体结构的重要物质，如人体的毛发和韧带纤维等（图 1-1-7），其主要成分是蛋白质；有些蛋白质具有免疫功能，如人体内的抗体，它能与外源蛋白特异性结合，抵抗外部病菌和病毒对细胞的侵害；还有些蛋白质能够调节机体的生命活动，如细胞内催化化学反应的酶，胰岛素、生长素等激素。总之，蛋白质的功能多样，与生物体的生命活动息息相关。因此，有人说，蛋白质是一种生命物质，是一切生命活动的主要承担者。

图 1-1-7　人体毛发、蛛网等都是蛋白质

（四）核酸

核酸贮存遗传物质，控制蛋白质的合成，是生物体中一类重要的生物大分子，由 C、H、O、N、P 等元素组成。核酸包括脱氧核糖核酸（DNA）和核糖核酸（RNA）两类（图 1-1-8）。DNA 主要存在于细胞核中，少量存在于线粒体和叶绿体内。RNA 主要存在于细胞质中。

核酸的基本组成单位是核苷酸。每一个核苷酸由 3 个部分组成：1 个五碳糖、1 个磷酸和 1 个含氮碱基。几百到几千个核苷酸互相连接成的长链就是核酸分子。

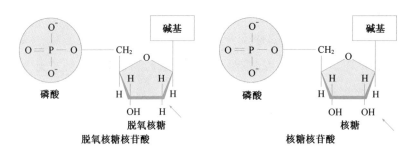

图 1-1-8 核苷酸和脱氧核苷酸

绝大多数生物的遗传物质是 DNA，而少数不含 DNA 的病毒（如烟草花叶病毒、流感病毒、SARS 病毒等）的遗传物质是 RNA。

（五）水

水是由 H、O 两种元素组成的无机化合物，是细胞中含量最多的化合物。

对绝大多数生物来说，没有水就不能存活。地球上如果没有水，也就没有生命。水在细胞中含量是最多的。在不同种类的生物体中，水的含量差别较大，一般来说，生物体中水的含量为 60%～95%。例如，幼嫩植物体中水的含量约为 70%，动物体中水的含量约为 80%，水母的身体里水的含量约为 97%。在不同的组织、器官中，水的含量也不相同。例如，晒干的谷物中水的含量约为 13%～15%。人的肌肉中水的含量约为 72%～78%。

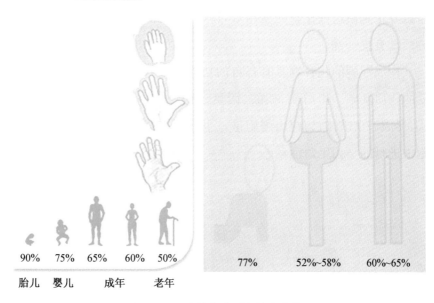

| 90% | 75% | 65% | 60% | 50% | | 77% | 52%~58% | 60%~65% |
| --- | --- | --- | --- | --- |
| 胎儿 | 婴儿 | 成年 | | 老年 |

图 1-1-9　人体各个时期的含水量

水在细胞中有两种存在形式,一种是与细胞中的亲水性物质结合,称为结合水,一种是以游离形式存在,称为自由水。自由水是细胞内的良好溶剂,许多物质溶解在这部分水中,细胞内的许多生化反应需要水的参与;生物体内绝大多数细胞必须浸润在以水为基础的液体环境中,这部分水在生物体内还可以起到运输营养物质和代谢废物的作用。

（六）无机盐

无机盐是存在于人体内和食物中的矿物质元素,在细胞中的含量少。把生物体煅烧后剩下的白色灰烬,就是无机盐。细胞中大多数无机盐以离子的形式存在,含量较多的阳离子有 $Na^+$、$K^+$、$Ca^{2+}$、$Mg^{2+}$、$Fe^{2+}$、$Fe^{3+}$ 等,阴离子有 $Cl^-$、$SO_4^{2-}$、$PO_4^{3-}$、$HCO_3^-$ 等。

无机盐在细胞中具有重要的作用。有些无机盐参与了生物体某些结构的组成,例如钙和磷是人的牙齿、骨骼的组成部分。有些无机盐参与构成了细胞内某些复杂的化合物,例如铁是血红蛋白的重要组成部分,镁是叶绿素的重要组成部分。有些无机盐可以维持生命活动的正常进行,例如人体血液缺钙会引起抽搐。以上微量元素不可或缺,无机盐对人体健康十分重要。

综上所述,细胞中的每一种化合物,都是由化学元素组成的,无机自然界也是由这些化学元素组成，说明生物界和非生物界在物质构成方面具有统一性。

构成细胞的化合物具有各自的功能，它们是细胞进行各种生命活动的物质基础。蛋白质、核酸、糖类、脂类、水和无机盐按照一定的方式，形成一个整体，构建出细胞这一生命系统并协同作用，共同完成细胞中进行的一切生命活动。

## 1.2　细胞的结构与功能

科学家依据有无成型细胞核或有无核膜将细胞分为原核细胞和真核细胞。在真核细胞中，按照细胞的营养类型，即自养和异养，还可以将大部分真核细胞分为植物细胞和动物细胞。真菌类细胞也是真核细胞，它们既有植物细胞的某些特征（如有细胞壁），又能异养生长。

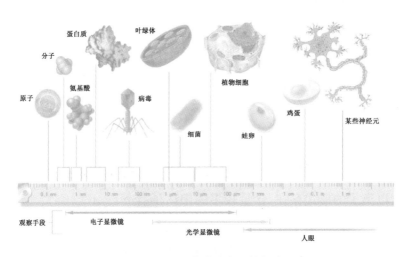

图 1-2-1　形状大小各异的细胞

随着显微镜技术的不断发展，电子显微镜技术的出现和进步，人们已经能借助显微镜观察到细胞的结构不仅是细胞壁、细胞膜和细胞核，而是更加细微的亚显微结构（图 1-2-2）。

真核细胞比原核细胞复杂得多，我们进一步认识真核细胞的具体结构和功能。

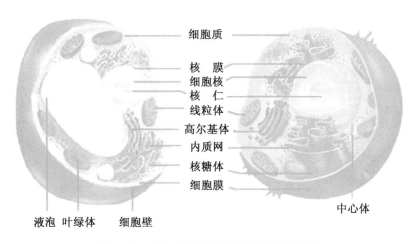

图 1-2-2　植物细胞和动物细胞的亚显微结构

## 一、细胞壁和细胞膜

植物细胞的最外面有相当强度的细胞壁(图 1-2-3),维持植物细胞的形态。细胞壁由纤维素和果胶质组成,结构疏松,物质分子可以自由通过。细胞壁具有支持和保护植物细胞的功能,研究发现,细胞壁在物质吸收、抵御病菌和病毒的侵害等方面也有重要作用。

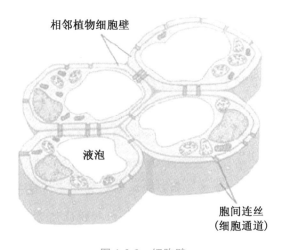

图 1-2-3　细胞壁

细胞膜,包围细胞质的一套薄膜,又称细胞质膜。细胞膜是由蛋白质、脂质、多糖等分子有序排列组成。其中,脂质中的磷脂含量最丰富。由图 1-2-4 可知,磷脂双分子层构成了细胞膜的基本骨架,具有流动性;蛋白质以镶嵌、附着和贯穿的形式分布在磷脂双分子层中,在物质进出细胞、细胞间相互识别时起作用。

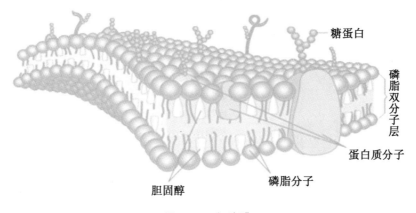

糖蛋白

磷脂双分子层

蛋白质分子

磷脂分子

胆固醇

图 1-2-4　细胞膜

细胞膜将细胞内部和外界环境分隔开，保证细胞内部的生命活动正常进行。同时，细胞膜是一种选择透过性膜，即不同的物质透过膜的难易程度不同。水分子和小分子物质、细胞选择吸收物质可以通过细胞膜进出细胞，大分子物质或病毒、细菌等则是通过细胞膜的凹陷胞吞的形式完成的。

**知识链接**

### 膜的"流动镶嵌模型"

流动镶嵌模型是膜结构的一种假说模型。脂质双分子层构成膜结构的基本支架，一些蛋白质镶嵌在膜的内外表面，一些蛋白质嵌入或横跨磷脂双分子层，这使得膜表现出不对称性。组成膜的磷脂和蛋白质分子大部分可以运动，因此膜具有一定的流动性，这使膜结构处于不断变动状态。这一模型有两个结构特点：一是膜的流动性，膜蛋白和膜脂均可侧向移动；二是膜蛋白分布的不对称性，蛋白质有的镶嵌在膜的内侧或外表面，有的嵌入或横跨磷脂双分子层。

流动镶嵌模型在某些方面还不够完善，如忽略了无机离子和水所起的作用等。科学家们对于细胞膜结构模型的研究仍在继续,相信在不久的将来,人们会提出更科学的模型解释细胞膜的结构和各种功能,使之更完善、更接近事实。

## 二、细胞核

细胞核(图 1-2-5)是细胞中的信息中心,也是真核细胞最显著和最重要的细胞器。细胞核是由核膜、核基质、染色质和核仁构成。核膜由双层膜构成,膜上镶嵌有核孔,一些蛋白质和 RNA 分子可通过核孔进入或输出细胞核。

染色质　　　　　　　　　　　　内膜
核仁
内膜　　　　　　　　　　　　　　核孔
外膜
核孔　　　　　　　　　　　　　　外膜

图 1-2-5　细胞核示意图

染色质是细胞核中由 DNA 和蛋白质组成,并可被苏木精等染料染色的物质。染色质上的 DNA 是遗传信息的载体,控制着细胞内的生化合成和细胞代谢,决定细胞或机体的性状表现,并通过 DNA 复制,把遗传物质稳定地传给下一代。因此,细胞核是遗传信息库,是细胞代谢和遗传的控制中心。在细胞分裂间期染色质呈细丝状。当细胞进入分裂期,染色质聚缩成染色体。可见,染色质和染色体是同一种物质在细胞不同时期的两种形态。每一种真核生物的细胞中都有特定数目的染色体。如人的体细胞中共有 23 对即 46 条染色体。核仁富含蛋白质和 RNA,主要功能是进行核糖体与 RNA 的合成。染色质和核仁都没有膜包被,存在于液态的核基质中。

### 三、内膜系统

真核细胞细胞质内遍布着动态的内膜系统，包括了内质网、高尔基体、溶酶体等一些由膜包被的细胞器，这些膜是相互流动的，处于动态平衡中，在功能上也是相互协同的。

**内质网**（图 1-2-6）是由单层膜连接而成的囊状、泡状和管状结构。有些内质网表面没有核糖体附着，称为光滑内质网，它是脂类物质的合成与代谢的重要场所。有些内质网表面附着核糖体，称为粗糙内质网，粗面内质网膜可与细胞膜和核膜相通连，它与蛋白质的合成、加工和运输有关。因此，内质网被称为是"蛋白质和脂类物质制造车间"。

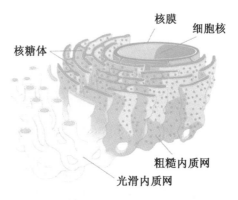

核膜　细胞核

核糖体

粗糙内质网

光滑内质网

图 1-2-6　内质网

**核糖体**是椭球形粒状小体，没有膜包被。核糖体的存在形式有两种：一种是游离在细胞质基质中，一种是附着在内质网上。核糖体是合成蛋白质的重要场所，因此被称为是"蛋白质装配机器"。

**高尔基体**（图 1-2-7）是由单层膜连接而成的扁的小囊和小泡。它是内质网合成产物和细胞分泌物的加工和包装场所，最终形成分泌泡将分泌物排出细胞外。因此，高尔基体被称为是"蛋白质的加工包装车间"及"蛋白质发送站"。

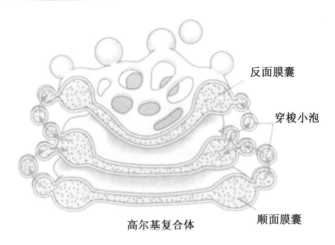

反面膜囊

穿梭小泡

高尔基复合体　　　　顺面膜囊

图 1-2-7　高尔基体

**溶酶体**为单层膜包被的囊状结构,内含多种水解酶,能消化分解细胞本身代谢产物和细胞吞噬的外来异物。因此,溶酶体被称为"消化车间"。

## 四、其他细胞器

**线粒体**(图 1-2-8)是由内外两层膜构成的囊状结构,外形呈椭球形。几乎所有的真核细胞内都含有线粒体。线粒体是细胞呼吸和能量代谢的中心,能在氧气和酶的作用下将有机物分解,释放出的能量占细胞进行生命活动所消耗能量的 95％。因此,线粒体被称为细胞的"动力工厂"。

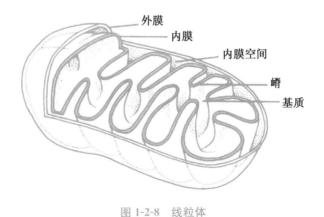

外膜

内膜

内膜空间

嵴

基质

图 1-2-8　线粒体

**叶绿体**(图 1-2-9)是植物进行光合作用的细胞器,为植物制造出糖类等营养物质。叶绿体被称为是植物体内的"养料制造车间"。叶绿体由内外膜、基粒和基质组成。典型的叶绿体外形呈凸透镜状，内含叶绿素、叶黄素、胡萝卜素，含有进行光合作用所需的酶。叶绿体中也有DNA和核糖体等物质。

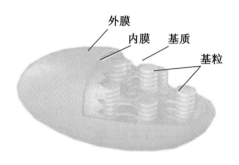

图 1-2-9　叶绿体

**液泡**是由单层膜包被的充满水溶液的泡。内含糖类、无机盐、色素和蛋白质等物质，对细胞内的环境起着调节作用，并使细胞内部维持一定的渗透压，保持细胞膨胀的状态。

## 知识链接

### 细胞骨架

细胞骨架(图 1-2-10)是指真核细胞中的蛋白纤维网络结

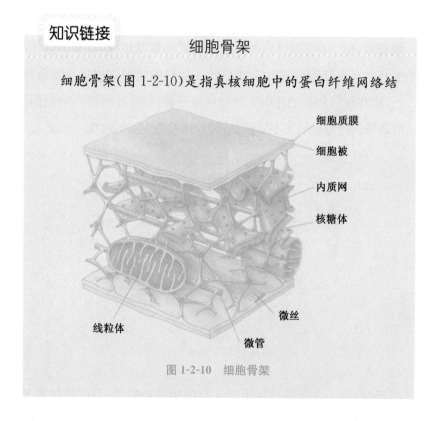

图 1-2-10　细胞骨架

构,由微丝、微管和中间纤维构成。细胞骨架不仅在维持细胞形态、承受外力、保持细胞内部结构的有序性方面起重要作用,而且还参与许多重要的生命活动,例如:在细胞分裂中细胞骨架牵引染色体分离,在细胞物质运输中,各类小泡和细胞器可沿着细胞骨架定向转运;在肌肉细胞中,细胞骨架和它的结合蛋白组成动力系统;在白细胞的迁移、精子的游动、神经细胞轴突和树突的伸展等方面都与细胞骨架有关。

## 1.3 细胞分裂与细胞周期

### 一、细胞周期与有丝分裂

细胞的分裂过程具有周期性,也就是说,从一次分裂结束到下一次分裂结束所经历的一个完整的过程称为一个细胞周期(图 1-3-1)。典型的细胞周期可分为间期和细胞分裂期两个阶段。

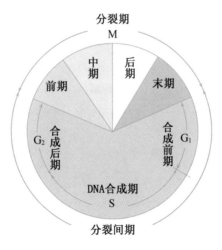

图 1-3-1 细胞周期

间期占细胞周期的 90%～95%。在细胞分裂间期,细胞表面看起来似乎是静止的,实际上细胞内部正在进行 DNA 分子的复制和相关蛋白质的合成。它包括一个 DNA 的合成期(S 期)和两个间隙期($G_1$

期和 G₂ 期）。

细胞分裂期是一个连续变化的过程,根据染色体形态的变化特征可分为:前期、中期、后期、末期。下面以高等植物细胞为例,讲述细胞有丝分裂的过程(图 1-3-2)。

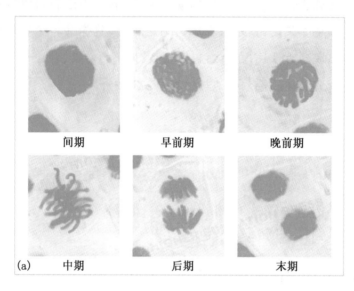

(a)

| 间期 | 早前期 | 晚前期 |
| 中期 | 后期 | 末期 |

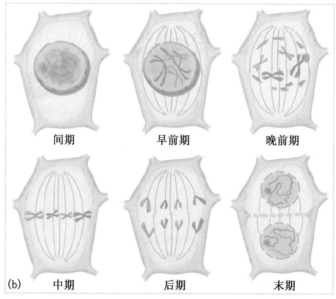

(b)

| 间期 | 早前期 | 晚前期 |
| 中期 | 后期 | 末期 |

图 1-3-2　植物细胞有丝分裂过程

在有丝分裂期前期,细胞核的体积增大,由染色质构成的细染色线螺旋缠绕并逐渐缩短变粗,形成染色体。每条染色体是由两条并列的姐妹染色单体附着在同一个着丝点上构成的。核膜、核仁逐渐消失。细胞的两极向中央发出纺锤丝，形成纺锤体，染色体无序地排列在纺锤丝的中央。

在细胞分裂期中期，每条染色体着丝点两侧都有纺锤丝附着，受其牵引，着丝点都排列在细胞中央的一个平面上。因为这个平面位于细胞中央，垂直于纺锤体的中轴，类似地球赤道的位置，所以称为赤道板。中期染色体的形态比较稳定，数目比较清晰，易于观察。

在细胞分裂期后期，着丝点分裂，两条姐妹染色单体分离为两条一模一样的染色体，分别受纺锤丝牵拉向细胞两极运动。此时，细胞内的染色体数目增加一倍，并平均分配到细胞的两极，使细胞两极各有一套染色体。每套染色体与亲代细胞的形态数目相同。

在细胞分裂期末期，两套染色体分别到达两极后，细胞形态发生较大变化，染色体逐渐变成细长的染色质。核膜、核仁重新出现，伴随子核重建，植物细胞通过细胞板形成，逐渐形成新的细胞壁。最终形成两个子细胞。子细胞中染色体的形态与数目与亲代细胞的完全相同。

## 知识链接

### 常见生物的染色体数目

染色体是细胞核中容易被碱性染料染成深色的物质，每一种生物细胞内染色体的形态和数目都是一定的。几乎全部的高等动物以及多数高等植物都是二倍体。二倍体的体细胞中含有两组同样大小形状的染色体的生物个体，可用 $2n$ 表示。而二倍体的配子是单倍体，用 $n$ 表示。例如：人类的染色体是 46 条（$2n=46$），水稻的染色体是 24 条（$2n=24$）。单倍体在动物中比较少见，而且一般很难存活。但是在某些昆虫（如蜜蜂）中，单倍体个体是正常的，而且与性别有关，由未受精的单倍体卵发育成雄性个体，受精后的二倍体卵发育成雌性个体。在植物界，在棉花、水稻、咖啡、甜菜、可可、油菜、西红柿和小麦等作物中，都发现过自发产生的单倍体。某些低等的生物，如酵母、霉菌和苔藓等，以单倍体为主要的生活世代。

动物细胞有丝分裂的过程,与植物细胞有丝分裂的过程有两点不同(图1-3-3):第一,动物细胞有中心体,在细胞分裂的间期,中心体的两个中心粒各自产生了一个新的中心粒,因而细胞中有两组中心粒。在细胞分裂的过程中,两组中心粒分别移向细胞的两极。在这两组中心粒的周围,发出无数条放射线,两组中心粒之间的星射线形成了纺锤丝。第二,动物细胞分裂末期,细胞的中部并不形成细胞板,而是细胞膜从细胞的中部向内凹陷,最后把细胞缢裂成两部分,每部分都含有一个细胞核。这样,一个细胞就分裂成了两个子细胞。

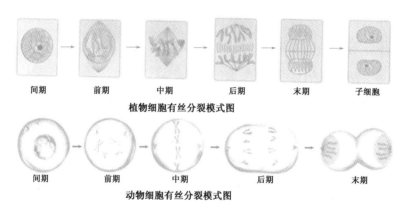

间期　　前期　　中期　　后期　　末期　　子细胞

**植物细胞有丝分裂模式图**

间期　　前期　　中期　　后期　　末期

**动物细胞有丝分裂模式图**

图 1-3-3　植物细胞和动物细胞有丝分裂对比

综上所述,有丝分裂的特点是,在间期每条染色体复制成两条相同的染色单体,在分裂时有规律地分配到两个子细胞核中。因此,由一个亲代细胞产生的两个子细胞各具有与亲代细胞在数目和形态上完全相同的染色体,母细胞与子细胞携带的遗传信息也相同。因而在细胞的亲代和子代之间保持了遗传性状的稳定性。

## 二、减数分裂

减数分裂是细胞分裂的一种特殊形式。进行有性生殖的生物体形成生殖细胞都要经历细胞的减数分裂过程。减数分裂是指在细胞分裂的整个过程中,DNA 只复制一次,而细胞连续分裂两次的分裂方式。下面,以哺乳动物体内精子和卵细胞的形成过程为例,讲述减数分裂的过程。

哺乳动物的精子是在睾丸中形成的。睾丸里有很多曲细精管,曲细精管中有大量的精原细胞。精原细胞是原始的雄性生殖细胞,每个精原细胞中染色体数目都与体细胞相同。当雄性动物性成熟时,睾丸里的一部分精原细胞就开始进行减数分裂。经过两次连续的细胞分裂——减数第一次分裂、减数第二次分裂,再经过精细胞的变形,就形成了成熟的雄性生殖细胞——精子(图 1-3-4 所示)。

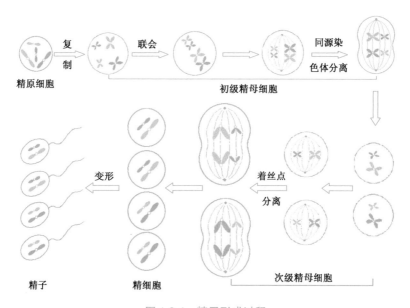

图 1-3-4　精子形成过程

减数第一次分裂前的间期,体积增大,完成了 DNA 的复制和相关蛋白质的合成,形成初级精母细胞。

减数第一次分裂的前期,细胞内的染色体进行两两配对。配对的染色体一条来自父方,一条来自母方,形状和大小一般都相同,这对染色体称为同源染色体。同源染色体进行两两配对的现象称为联会。由于每条染色体实际上含有一对姐妹染色单体,因此每对发生联会的同源染色体上含有 4 条染色单体,称为四分体。四分体中的非姐妹染色单体之间常常发生对等片段交换的现象。中期,四分体排列在细胞的赤道板上。后期,在纺锤丝的牵引下,同源染色体彼此分开,向细胞两极移动。当两组染色体到达细胞两极时,细胞一分为二,一个初级精母细胞形成两个次级精母细胞。在这个减数分裂的第一次分裂过程中,每个次级精母细胞只得到初级精母细胞中染色体数目的一半。因此,在整个减数分裂过程中，染色体数目减少一半。

减数第二次分裂的分裂期，染色体不再复制。细胞内的变化与有丝分裂过程基本相同。次级精母细胞中染色体的着丝点一分为二，两条姐妹染色单体分离而成为两条染色体。这两条染色体在纺锤丝的牵引下，分别向细胞两极运动，并随着细胞的分裂而进入到两个子细胞中。这些子细胞就是精细胞。这样，在减数第一次分裂后形成的两个次级精母细胞，经过减数第二次分裂后，形成了四个精细胞。由于在减数分裂的第一次分裂后，染色体的数目减少了一半，因此，每个精细胞中含有数目减半的染色体。最后，精细胞经过复杂的变形，形成呈蝌蚪状的精子。

哺乳动物的卵细胞是在卵巢中形成的，它的形成过程与精子的形成过程基本相同（图 1-3-5）。卵原细胞体积增大，形成初级卵母细胞。初级卵母细胞进入减数第一次分裂，首先染色体进行复制，同源染色体联会，形成四分体；接着，在纺锤丝的作用下，同源染色体彼此分离，并移向细胞两极；细胞一分为二，形成一大一小两个细胞，大的细胞是次级卵母细胞，小的细胞是极体。次级卵母细胞和极体中的染色体数目都减少了一半。在减数第二次分裂后，次级卵母细胞分裂形成一个卵

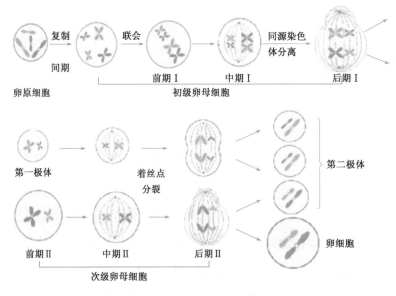

图 1-3-5　卵细胞形成过程

细胞和一个极体,而在第一次分裂后形成的极体则分裂成两个极体。结果,一个卵原细胞经过减数分裂后,形成了染色体数目减半的三个极体和一个卵细胞。最终,三个极体都退化消失。因此,一个卵原细胞经过减数分裂后,只能形成一个卵细胞。

# 有丝分裂实验

一、实验原理

在植物体中,有丝分裂常见于根尖、茎尖等分生区细胞。可以用高倍镜观察植物细胞有丝分裂的过程,根据各个时期细胞内染色体(或染色质)的变化情况,识别该细胞处于有丝分裂的哪个时期。细胞核内的染色体容易被碱性染料(如龙胆紫、醋酸洋红溶液)着色。

二、实验目的

1. 观察植物细胞有丝分裂的过程,识别有丝分裂的不同时期。
2. 学会制作洋葱根尖有丝分裂装片的生物技术。
3. 学会使用高倍镜和生物绘图的方法。

三、实验材料

洋葱(可以用蒜、葱代替)。显微镜,载玻片,盖玻片,玻璃皿,剪刀,镊子,滴管。质量分数为 15% 的盐酸,酒精的体积分数为 95% 的溶液,龙胆紫的质量浓度为 0.01 g/mL 或 0.02 g/mL 的溶液(或醋酸洋红液)。

四、实验步骤

1. 洋葱根尖的培养

在上实验课之前的 2～4 天,取洋葱一个,放在广口瓶上。瓶内装满清水,让洋葱的底部接触到瓶内的水面。把这个装置放在温暖的地方,注意经常换水,使洋葱的底部总是接触到水。待根长 4～6 cm 时,可取生长健壮的根尖制片观察。

2. 装片的制作

2.1 解离 剪取洋葱的根尖 2～3 mm，立即放入盛有 15% HCl 和 95% 酒精的混合液（1∶1）的玻璃皿中，在室温下解离 3～5 min 后取出根尖。

2.2 漂洗 待根尖酥软后，用镊子取出，放入盛有清水的玻璃皿中漂洗约 10 min。

2.3 染色 把洋葱根尖放进盛有龙胆紫的质量浓度为 0.01 g/mL 或 0.02 g/mL 的溶液（或醋酸洋红液）的玻璃皿中，染色 3～5 min。

2.4 制片 用镊子将这段洋葱根采取出来，放在载玻片上，加一滴清水，并且用镊子尖把洋葱根尖弄碎，盖上盖玻片，在盖玻片上再加片载玻片。然后，用拇指轻轻地压盖玻片，这样可以使细胞分散开来。

3. 洋葱根尖细胞有丝分裂的观察

3.1 低倍镜观察

把制作成的洋葱根尖装片先放在低倍镜下观察，慢慢移动装片，要求找到分生区细胞，它的特点是：细胞呈正方形，排列紧密，有的细胞正在分裂。

3.2 高倍镜观察

找到分生区细胞后，把低倍镜移走，换上高倍镜，用细准焦螺旋和反光镜把视野调整清晰，直到看清细胞物像为止。

3.3 仔细观察，可先找出处于细胞分裂期中期的细胞，然后再找出前期、后期、末期的细胞。注意观察各个时期细胞内染色体变化的特点。

3.4 在一个视野里，往往不容易找全有丝分裂过程中各个时期的细胞。如果是这样，可以慢慢地移动装片，从邻近的分生区细胞中寻找。

3.5 如果自制装片效果不太理想，可以观察教师演示的洋葱根尖细胞有丝分裂的固定装片。

4. 绘图

在观察清楚有丝分裂各个时期的细胞以后，绘出洋葱根尖细胞有丝分裂简图。绘图的要求：绘制植物细胞有丝分裂中期图（含 4 个染色体）。

五、实验讨论

1. 洋葱根尖细胞有丝分裂过程中各时期的染色体变化有什么特点？

2. 制作好洋葱根尖有丝分裂装片的关键是什么？

3. 马蛔虫受精卵细胞的有丝分裂与植物细胞相比有何差别？

## 三、无丝分裂

无丝分裂最早被发现的一种细胞分裂方式。无丝分裂在动植物体内部分细胞常见。无丝分裂的过程较简单，在分裂过程中，一般是细胞核先延长，核膜在细胞核的中部向内凹进，溢裂形成两个细胞核；然后，整个细胞从中部向内凹进，溢裂形成两个子细胞。在整个分裂过程中，细胞内没有出现丝状体，也没有染色体的变化，所以叫作无丝分裂（图 1-3-6）。

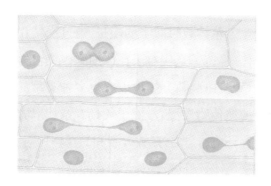

图 1-3-6　植物细胞的无丝分裂

## 四、受精作用

受精作用是指精子和卵细胞相互识别、融合成为受精卵的过程。受精作用进行时，通常是精子的头部进入卵细胞，尾部留在外面。紧接着，在卵细胞细胞膜的外面出现一层特殊的膜，以阻止其他精子再进入。所以，每个卵细胞只能和一个精子结合。精子的头部进入卵细胞后不久，里面的细胞核就与卵细胞的细胞核相遇，使彼此的染色体会合在一起。这样，受精卵中的染色体数目又恢复到体细胞中的数目，如图

1-3-7 所示。

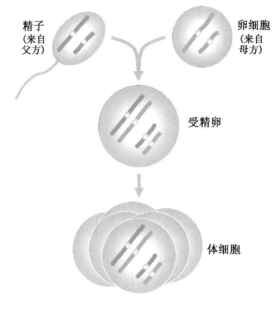

图 1-3-7　受精作用

　　减数分裂产生染色体数目减半的配子,通过受精作用合成合子,由合子发育成新个体,维持了亲代与子代体细胞中染色体数目的恒定,从而保证了物种的稳定性;减数分裂可以产生多种类型的配子,通过受精作用将父母双方的遗传物质混合,使子代具有亲代双方的优良特性,有利于物种适应生存环境。总之,减数分裂和受精作用对于维持每种生物前后代体细胞中染色体数目恒定,对于生物的遗传和变异,都十分重要。

## 本章小结

　　本章学习了细胞的化学基础、真核细胞结构和功能、细胞周期和细胞分裂等最基本的知识,还从系统的视角,分析了生物结构和功能的统一性,这对于领悟科学思想和方法是有益的,也为学生理解生物遗传的基本规律打下知识基础。

## 思考训练

1. 2003 年全国部分省份爆发流行的非典型肺炎主要是由于冠状病毒感染引起的,它与大肠杆菌的最明显区别是 （　）

　　A. 有无成形的细胞核　　　　B. 有无细胞壁

　　C. 有无细胞结构　　　　　　D. 有无遗传物质

2. 下列是某生物体内糖类的某些变化,下面的说法不正确的是

（　）

淀粉→麦芽糖→葡萄糖→糖原

　　A. 此生物一定是动物,因为能合成糖原

　　B. 淀粉和糖原,都属于多糖

　　C. 此生物一定是动物,因为能利用葡萄糖

　　D. 麦芽糖为二糖,葡萄糖为单糖

3. 绿色植物细胞中与能量转换直接有关的一组细胞器是 （　）

　　A. 核糖体和高尔基体　　　　B. 高尔基体和叶绿体

　　C. 中心体和内质网　　　　　D. 叶绿体和线粒体

4. 细胞中具有由磷脂和蛋白质组成的结构膜的有 （　）

①细胞膜　②线粒体　③内质网　④核糖体　⑤中心体

⑥染色体　⑦核膜　⑧高尔基体

　　A. ①②③④⑤　　　　　　　B. ②③④⑤⑥

　　C. ③④⑤⑥⑦⑧　　　　　　D. ①②③⑦⑧

5. 据中央电视台 2003 年 12 月 15 日报道,驻伊美军经过将近一年的艰难跟踪搜寻,终于在今天早些时候,于伊拉克前总统萨达姆的老家——提克里特市郊的原野洞穴中,生擒了落荒中的萨达姆。由于近一年来,萨的生活环境条件较差,故其已面目全非,让人很难辨其真伪。假如你是一位专家,你认为在美国情报局原已获得萨达姆的照片、指纹、口腔上皮细胞标本、皮屑标本的条件下,哪种鉴定方法最可靠

（　）

　　A. 研究嫌疑人的牙齿结构、成分和年龄,然后进行分析判断

B. 鉴定指纹特点,并与档案指纹相比较,进行确认

C. 检测嫌疑人口腔上皮细胞中DNA分子的碱基排列顺序,并与档案的相比较

D. 检测嫌疑人口腔上皮细胞中蛋白质种类,并与档案的相比较

6. 大雁体内储存能量和减少热量散失的物质是 （    ）

　　A. 糖原　　　B. 淀粉　　　C. 脂肪　　　D. 纤维素

7. 马拉松长跑运动员在进入冲刺阶段时,发现少数运动员下肢肌肉发生抽搐,这是由于随着大量排汗而向外排出了过量的 （    ）

　　A. 水　　　　B. 钙盐　　　C. 钠盐　　　D. 尿素

8. 水稻细胞和人的口腔上皮细胞中共有的细胞器是 （    ）

　　A. 叶绿体、线粒体和中心体

　　B. 叶绿体、线粒体和高尔基体

　　C. 线粒体、内质网和中心体

　　D. 线粒体、内质网和高尔基体

9. 染色体的主要成分是 （    ）

　　A. DNA 和糖类　　　　　　B. DNA 和蛋白质

　　C. RNA 和糖类　　　　　　D. RNA 和蛋白质

10. 下列可为生命活动直接供能的物质是 （    ）

　　A. 糖类　　　B. ATP　　　C. 蛋白质　　　D. 核酸

11. 细胞核中易被碱性物质染成深色的结构是 （    ）

　　A. 核膜　　　B. 核仁　　　C. 核液　　　D. 染色质

12. 动物细胞有丝分裂时形成的纺锤体是由什么组成的 （    ）

　　A. 纺锤丝　　B. 中心粒　　C. 星射线　　D. 中心体

13. 动物细胞有丝分裂过程中,一般认为两组中心粒的分开发生在 （    ）

　　A. 前期　　　B. 中期　　　C. 后期　　　D. 间期

14. 动物细胞有丝分裂过程中,中心粒的分开和复制分别发生在 （    ）

　　A. 前期和后期　　　　　　B. 中期和间期

C. 前期和间期　　　　　　　　D. 前期和中期

15. 动物细胞有丝分裂前期,细胞内 2 组中心粒的行为特点是 （　）

　　A. 一组位置不变,另一组移向另一极

　　B. 两组中心粒分别移向细胞两极

　　C. 由星射线牵动两组中心粒移向细胞两极

　　D. 每组的两个中心粒中,一个位置不变,另一个移向另一极

16. 在人体细胞有丝分裂前期,可以看到的中心粒数目是 （　）
　　A. 2　　　　B. 4　　　　C. 8　　　　D. 1

17. 一个动物细胞在细胞分裂的前期,下列结构除哪个外发生了明显的变化 （　）
　　A. 染色质　　B. 核仁　　C. 核膜　　D. 着丝点

18. 下列哪一项叙述,表明动物细胞正在进行有丝分裂 （　）
　　A. 核糖体合成活动加强　　B. 线粒体产生大量 ATP
　　C. 中心体周围发射出星射线　　D. 高尔基体数目显著增多

19. 下列哪一个现象是在进行分裂的动物细胞中不可能出现的 （　）

　　A. 染色体单体分开

　　B. 染色体排列在赤道板上

　　C. 细胞核消失

　　D. 在赤道板的位置上出现了一个细胞板

20. 动物细胞与植物细胞相比,动物细胞有丝分裂末期的特点是 （　）

　　A. 在赤道板的位置上出现细胞板,向四周扩散形成细胞壁,分隔成两个子细胞

　　B. 染色体变成染色质,核仁、核膜重新出现,形成两个子细胞

　　C. 不形成细胞板,由细胞中部内陷横缢形成两个子细胞

　　D. 亲代染色体经过复制,平均分配到两个子细胞中去

21. 在细胞分裂过程中,只在植物细胞中出现的结构是 （　）
　　A. 中心体　　　　　　　　B. 纺锤体

C. 细胞板 　　　　　　　　　 D. 姐妹染色单体

22. 在有丝分裂前期,细胞的动态变化中,动、植物细胞的区别在于 　　　　　　　　　　　　　　　　　　　　　　　 (　　)

A. 染色体形成的方式不同　　 B. 赤道板出现的方向不同

C. 核膜、核仁解体的时间不同　 D. 纺锤体的来源不同

23. 动、植物细胞有丝分裂的主要不同分别发生在 　　　 (　　)

A. 间期和前期　　　　　　　 B. 前期和中期

C. 中期和后期　　　　　　　 D. 前期和末期

24. 蛋白质和核酸的基本组成单位是什么? 它们在细胞内起什么作用?

25. 植物细胞和动物细胞有什么主要的区别?

26. 在真核细胞有丝分裂的各个时期,细胞内染色体的形态和数目各有什么变化特点?

# 第 2 章　遗传学基础

章 首 语 ▶

　　1953 年,沃森和克里克建立了 DNA 双螺旋结构模型,奠定了生命遗传的分子生物学基础。两条链的碱基对之间由氢键相连互补,在细胞分裂前 DNA 复制的时候,可以使贮藏在 DNA 分子中以 4 种核酸碱基编码的遗传信息得以稳定地向下一代传递。细胞中 DNA 的复制以亲代的一条 DNA 链为模板,在 DNA 聚合酶的作用下,按照碱基互补的原则,由 $5'$ 向 $3'$ 方向合成另一条具有互补碱基的新链,复制的 DNA 子链与亲代双链完全相同,细胞中 DNA 的复制被称为半保留复制。

　　经典的遗传学提出,一对等位基因在形成配子时完全独立地分离到不同的配子中去,相互不影响。当两对或更多对基因处于异质接合状态时,它们在形成配子时的分离是彼此独立不相牵连的,受精时不同配子相互间进行自由组合。经典的遗传学反映了一些有性生殖过程中遗传性状的传递规律,还合理地解释了性连锁基因、伴性遗传现象以及基因的连锁和交换现象等。

　　细胞中核酸序列的改变通过基因表达有可能导致生物遗传特征的变化,称为基因突变。基因突变改变了蛋白质的结构与功能,可能使生物体的形态、结构、代谢过程和生理功能等特征发生改变,严重的突变则影响生物体的生命活力或导致生物个体的死亡。

思维导图 ▶

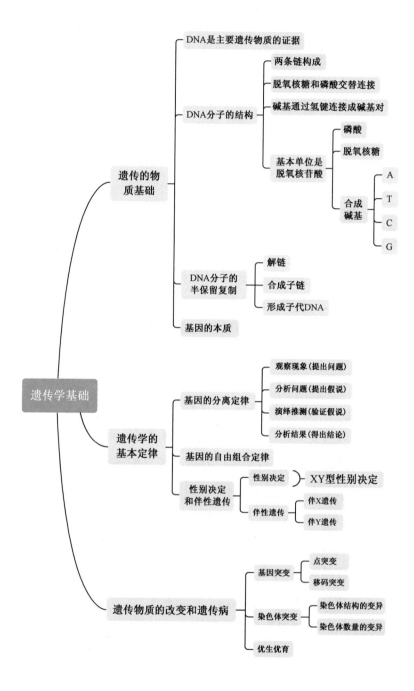

生物（上册）

## 2.1　遗传的物质基础

### 一、DNA 是主要的遗传物质的证据

前一章我们知道,细胞核中的染色体在生物遗传中具有重要作用。科学实验证明,染色体主要是由 DNA 和蛋白质组成的。

在 DNA 和蛋白质这两种物质中,哪一种是遗传物质呢? 1944 年,埃弗雷等科学家通过细菌转化实验,第一次证明了生物的遗传物质是 DNA,而不是蛋白质。另一个证明 DNA 是生命遗传物质的实验是 1952 年赫尔希和蔡斯利用病毒为实验材料完成的。至此用了 8 年的时间全世界的科学家才一致接受了生命的遗传物质是 DNA,如图2-1-1。

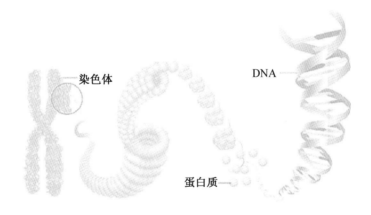

图 2-1-1　DNA 是遗传物质

### 二、DNA 分子的结构

1953 年,沃森和克里克在前人的研究基础上,摸清了 DNA 的分子结构,提出了双螺旋结构模型(图 2-1-2)。

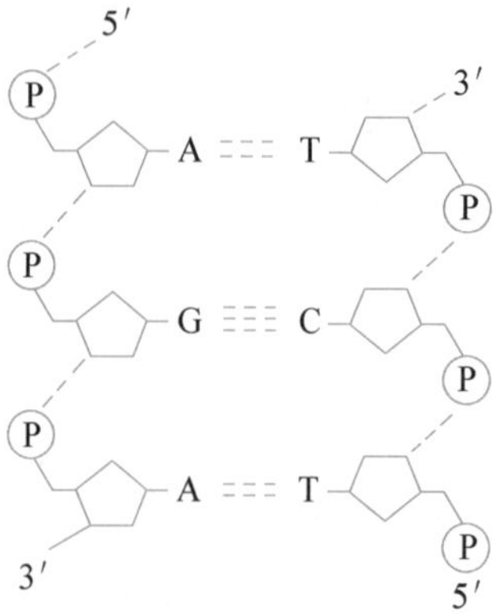

平面结构 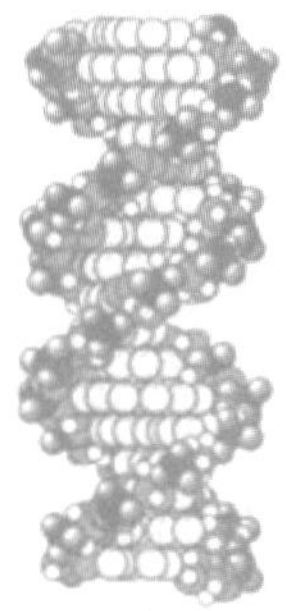　　　　　　　空间结构

图 2-1-2　DNA 分子的结构模式图

图 2-1-2 表明，DNA 是由脱氧核苷酸单体连接形成的大分子物质，每一个脱氧核苷酸单体是由一个磷酸、一个脱氧核糖和一个含氮碱基构成，含氮碱基包括腺嘌呤（A）、鸟嘌呤（G）、胸腺嘧啶（T）和胞嘧啶（C）4 种。由脱氧核苷酸构成的 DNA 分子具有规则的双螺旋结构。其特点是：

（1）DNA 是由两条链构成的，这两条链按反方向平行方式盘旋成双螺旋结构。

（2）DNA 分子中的脱氧核糖和磷酸交替连接，排列在外侧，构成基本骨架；碱基排列在内侧。

（3）两条链上的碱基通过氢键连接成碱基对，并且碱基对按照碱基互补配对原则（A 和 T 配对，C 和 G 配对）形成。

沃森和克里克的 DNA 双螺旋结构理论奠定了生命遗传的分子生物学基础，标志着现代遗传学的开始，宣告生命科学从此进入了认识生命本质的新阶段。

## 三、DNA 分子的半保留复制

DNA 分子复制时，以两条解开的母链分别为模板，合成两条子链，每条子链和相应的母链构成一个新的 DNA 分子，因此每一个子代 DNA 分子均保留了其亲代 DNA 分子中的一条单链。这种 DNA 的复制被称为半保留复制。细胞中的 DNA 复制发生在细胞周期的 S 期，在解旋酶的作用下,双螺旋的 DNA 从一端向另一端解开,这个过程叫作解旋。然后,以解开的每一段母链为模板,以细胞中游离的各种脱氧核苷酸为原料,按照碱基互补配对原则,在聚合酶的作用下,各自与母链互补合成一段子链。并且,随着不断的解旋,新合成的子链也不断地延长。同时,新形成的两条链各自盘绕成双螺旋结构,从而各自形成一个新的 DNA 分子。这样,复制结束后,一个 DNA 分子就形成了两个完全相同的 DNA 分子。如图 2-1-3 所示。

DNA 的半保留复制保证了所有体细胞都携带相同的遗传物质,并使遗传信息从亲代传给子代,从而保持了遗传信息的稳定性和连续性。

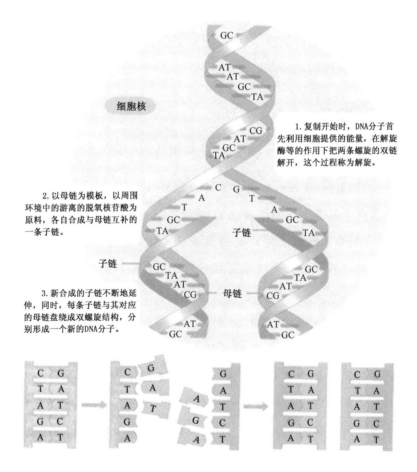

图 2-1-3　DNA 分子复制的图解

## 四、基因的本质

基因是遗传的物质基础，是 DNA 分子上具有遗传信息的特定核苷酸序列的总称，是具有遗传效应的 DNA 分子片段。基因通过复制把遗传信息传递给下一代，使后代出现与亲代相似的性状。人类大约有几万个基因，储存着生命活动的全部信息，通过复制、翻译表达、修复，完成细胞分裂和蛋白质合成等重要生理过程。

研究结果还表明，每条染色体只含有 1～2 个 DNA 分子，每个 DNA 分子上有多个基因，每个基因含有成百上千个脱氧核苷酸。由于不同基因的脱氧核苷酸的排列顺序（碱基序列）不同。因此，不同的基因就含有不同的遗传信息。这种遗传信息的多样性和特异性是生物体多样性和特异性的物质基础。

**知识链接**

### 肺炎双球菌实验

1928 年，英国的细菌学家格里菲思(F·Griffith)用肺炎双球菌在小鼠身上进行了著名的转化实验：一种肺炎双球菌有荚膜，在培养基平板上形成的菌落表面光滑，称为 S 型肺炎双球菌。将活的 S 型肺炎双球菌注射到小白鼠的体内，很快便导致小白鼠死亡。如果加热将 S 型肺炎双球菌全部杀死，再注射到小白鼠体内，小白鼠就不会死亡。另一种肺炎双球菌没有荚膜，在培养基平板上形成的菌落表面粗糙，称为 R 型肺炎双球菌。将活的 R 型肺炎双球菌注射到小白鼠体内，小白鼠不会死亡。格里菲思将加热杀死的 S 型肺炎双球菌与无害的 R 型肺炎双球菌混合起来注射到小白鼠体内，这时发生了奇怪的现象：小白鼠死亡了，从死亡的小白鼠体内居然还分离得到了活的 S 型肺炎双球菌。这一结果说明，加热杀死的 S 型肺炎双球菌中一定有某种特殊的生物分子或遗传物质，可以使无害的 R 型肺炎双球菌转化为有害的 S 型肺炎双球菌（图 2-1-4）。

这种特殊的生物分子或者遗传物质是什么呢？经过埃弗雷等科学家继续的努力,最终得出了DNA是遗传物质。

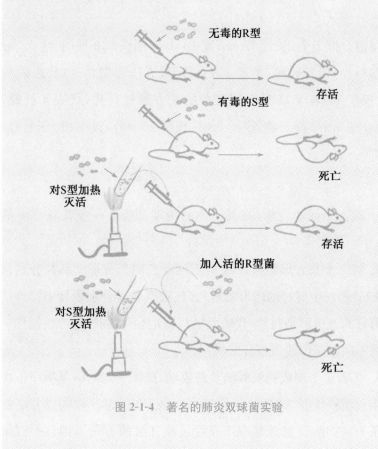

图 2-1-4 著名的肺炎双球菌实验

## 制作 DNA 双螺旋结构模型

一、实验原理

沃森和克里克提出的 DNA 分子具有特殊的双螺旋结构。

二、实验目的

1. 使学生明确 4 种脱氧核糖的根本区别在于含氮碱基的不同;

2. 让学生理解 DNA 分子的结构特点;

3. 培养学生的动手操作能力，初步学会制作 DNA 双螺旋结构模型，掌握制作技术。

三、实验材料

硬塑方框 2 个（长约 12 cm，宽 10 cm），细铁丝 2 根（长约 0.5 m），球形塑料片（代表磷酸，半径 1 cm）若干，五边形塑料片（代表脱氧核糖，边长 3 cm）若干，4 种不同颜色的长方形塑料片（代表 4 种碱基，长 4 cm，宽 3 cm）若干，粗铁丝 2 根（长约 10 cm），订书机、订书钉、小剪刀。

四、实验过程

1. 取一个硬塑方框，在其一侧的两端各拴上一条长 0.5 m 的细铁丝。

2. 将一个长方形塑料片（4 种不同颜色的长方形塑料片分别代表 4 种碱基）和一个剪好的球形塑料片（代表磷酸），分别用订书钉连接在一个剪好的五边形塑料片（代表脱氧核糖）上。用同样的方法制作一个个含有不同碱基的脱氧核苷酸模型。

3. 将若干个制成的脱氧核苷酸模型，按照一定的碱基顺序依次穿在一条长细铁丝上，这样就制作好了一条 DNA 链。按同样方法制作另一条 DNA 链（注意碱基顺序及脱氧核苷酸的方向），用订书钉将两条链之间的互补碱基连接好。注意需用订书针的数目表示碱基两两连接时之间的氢键数目（A 与 T 配对时有 2 个氢键，G 与 C 配对时有 3 个氢键）。

4. 将两条铁丝的末端分别拴到另一个硬塑方框一侧的两端，并在所制模型的背侧用两根较粗的铁丝加固。双手分上下拿住硬塑方框，沿不同时针方向旋转一下，即可得到一个 DNA 分子的双螺旋结构模型。

# 2.2　遗传学基本定律

　　遗传指的是子代与亲代在形态、结构和生理功能上具有相似的特性。变异指的是子代与亲代和子代个体之间具有差异的特性。通过"种瓜得瓜，种豆得豆"这句民间谚语可以发现，人们早就观察到了繁殖后代中出现的生命现象，但是一直找不到其规律。奥地利科学家孟德尔，利用豌豆遗传育种实验获得了重要成果，他最先揭示了遗传的两个基本定律："基因的分离规律"和"基因的自由组合规律"。

## 一、基因的分离规律

　　豌豆植物作为遗传学实验材料最主要的优势表现在严格的自花传粉且闭花授粉。在自然状态下，可以避免外来花粉的干扰；且豌豆花大，易于去雄和人工授粉。

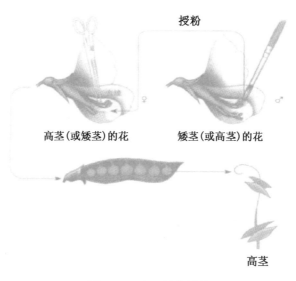

图 2-2-1　人工异花授粉

　　豌豆植物还具有易于区分的性状，如高茎与矮茎是一对相对性状。像这样，一种生物的同一性状的不同表现类型，叫作相对性状。用具有相对性状的植株进行杂交实验，实验结果很容易观察和分析。孟德尔选择了豌豆的 7 对相对性状做杂交实验。

知识链接

## 孟德尔——现代遗传学之父

1822 年 7 月 20 日,孟德尔出生在奥地利西里西亚(现属捷克)的一个贫寒的农民家庭。孟德尔从小受到园艺学和农学知识的熏陶,对植物的生长和开花非常感兴趣。大学毕业以后,年方 21 岁的孟德尔进了一所修道院,并在当地教会办的一所中学教书,教的是自然科学。后来,他又到维也纳大学深造,受到相当系统和严格的科学教育和训练。

1856 年,从维也纳大学学成后,孟德尔就开始了长达 8 年的豌豆实验。孟德尔首先从许多种子商那里弄来了 34 个品种的豌豆,从中挑选出 22 个品种用于实验。它们都具有某种可以相互区分的稳定性状,例如高茎和矮茎、圆粒和皱粒、灰色种皮和白色种皮等。孟德尔通过人工培植这些豌豆,对不同代的豌豆的性状和数目进行细致入微的观察、计数和分析。运用这样的实验方法需要极大的耐心和严谨的态度。他酷爱自己的研究工作,经常向前来参观的客人指着豌豆十分自豪地说:"这些都是我的儿女!"

8 个寒暑的辛勤劳作,孟德尔发现了生物遗传的基本规律,并得到了相应的数学关系式。人们分别称他的发现为"孟德尔第一定律"(即孟德尔遗传分离规律)和"孟德尔第二定律"(即基因自由组合规律),它们揭示了生物遗传奥秘的基本规律。

可是,伟大的孟德尔思维和实验太超前了。孟德尔用心血浇灌的豌豆所告诉他的秘密,时人不能与之共识,一直被埋没了 35 年之久!直到 20 世纪初,来自三个国家的三位学者同时独立地"重新发现"孟德尔遗传定律。1900 年,成为遗传学史乃至生物科学史上划时代的一年。从此,遗传学进入了孟德尔时代。通过摩尔根、艾弗里、赫尔希和沃森等数代科学家的研究，已经使生物遗传机制——这个使孟德尔魂牵梦绕的问题建立在遗传物质 DNA 的基础之上。

### 1. 一对相对性状的遗传实验

孟德尔首先的实验是对单个相对性状的纯种亲代（P）进行杂交，结果所有杂交产生的子一代（$F_1$）都只表现一个亲代的性状（图 2-2-2），无论高茎植株是作为父本还是母本，子一代总是清一色的高茎。孟德尔称表现出来的性状为显性性状。如高茎对矮茎是显性性状，没有表现出来的性状（如矮茎）称为隐性性状。

接着，孟德尔又让 $F_1$ 代植株自花授粉产生子二代（$F_2$）。孟德尔发现，在 $F_2$ 代植株中有些植株表现显性性状（高茎）、有些植株表现隐性性状（矮茎）（图 2-2-2）。他通过分类统计发现，$F_2$ 代植株中的不同性状具有一定的比例，子二代中高茎约有 3/4，矮茎约有 1/4，即高茎的植株与矮茎的植株数的比例近似是 3：1。这种在 $F_2$ 中出现了显性和隐性性状的现象，遗传学上叫作性状分离。

孟德尔按上述方法继续对其他 6 对相对性状进行杂交实验，统计了子二代植物显性和隐性性状之间的比值，结果都十分相似，显性与隐性的数量比均接近 3：1（表 2-2-1）。

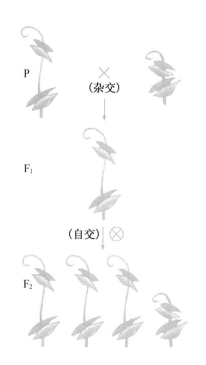

图 2-2-2　高茎豌豆和矮茎豌豆的杂交试验

表 2-2-1　孟德尔的豌豆杂交试验结果

| 性状 | $F_2$ 的表现型 | | | | | |
|---|---|---|---|---|---|---|
| | 显性 | | 隐性 | | 显性：隐性 | |
| 花的颜色 | 紫色 | 705 | 白色 | 224 | 3.15：1 | |
| 花的位置 | 腋生 | 651 | 顶生 | 207 | 3.14：1 | |
| 茎的高度 | 高茎 | 787 | 矮茎 | 277 | 2.84：1 | |
| 豆荚的形状 | 饱满 | 882 | 不饱满 | 299 | 2.95：1 | |
| 豆荚的颜色 | 绿色 | 428 | 黄色 | 152 | 2.82：1 | |
| 子叶的颜色 | 黄色 | 6 022 | 绿色 | 2 001 | 3.01：1 | |
| 种子的形状 | 圆粒 | 5 474 | 皱粒 | 1 850 | 2.96：1 | |

### 2. 对分离规律的解释

对上述试验，孟德尔认为，生物体的性状都是由遗传因子（后来称基因）控制的。控制显性性状（如高茎）的基因是显性基因，用大写英文字母（如 A）表示。控制隐性性状（如矮茎）的基因是隐性基因，用小写的英文字母（如 a）表示。在生物的体细胞中，存在控制遗传性状的一对基因。如纯种高茎豌豆的体细胞中含成对基因 AA，纯种矮茎豌豆的体细胞中含成对基因 aa。生物体形成生殖细胞——配子时，成对基因彼此分离而进入不同的配子。所以，纯种高茎豌豆的配子只含一个显性基因 A；纯种矮茎豌豆的配子则只含一个隐性基因 a。受精时，雌雄配子结合，合子的基因又恢复成对。如基因 A 与基因 a 在 $F_1$ 体细胞中结合为 Aa。由于 A 对 a 的显性作用，$F_1$（Aa）表现为高茎。

在 $F_1$ 自交产生配子时，基因 A 与基因 a 又分离，这时 $F_1$ 产生的雄配子和雌配子就各有两种：一种含 A，另一种含 a，且两种配子的数目相等。受精时，雌雄配子随机结合，$F_2$ 便出现 3 种基因组合：AA、Aa 和 aa，且其数量比接近 1：2：1，由于 A 对 a 的显性作用，$F_2$ 在性状表现上只有两种：高茎和矮茎，其数量比接近 3：1。

表现型是指生物个体表现出的性状。如豌豆的高茎与矮茎。基因型是指与表现型有关的基因组成。如，高茎的基因型是 AA 或 Aa，矮茎的基因型是 aa。可见，基因型是性状表现的内在因素，表现型是基因型的外在表现。在上述 3 种基因型中，AA 或 aa 的一对基因都是显性基因或隐性因子,其个体称为纯合子;Aa 的基因一个是显性,一个是隐性,则个体称为杂合子。

生物体在发育过程中,不仅受内在因素的控制,也受外在环境的影响。因而,相同基因型的生物,在不同环境条件下,会有不同的表现型。所以,表现型是基因型与环境相互作用的结果。

3. 对分离现象解释的验证

孟德尔为了验证对分离现象的解释是否正确,进一步首创了测交实验方法。让 F₁ 与隐性纯合子杂交(图 2-2-3),期望得到高茎与矮茎为 1∶1 的比例。F₁(Aa)与隐性纯合子(aa)杂交,产生的后代一半是 Aa,呈高茎;一半是 aa,呈矮茎。测交试验的结果,正好符合孟德尔的预期,从而证明了 F₁ 是杂合子(Aa),且在形成配子时,等位基因发生了分离,分离后的基因分别进入不同的配子中。

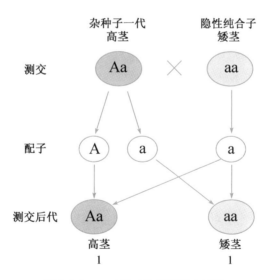

图 2-2-3  一对相对性状的测交试验

4. 基因分离定律的实质

此定律的实质是:在杂合子的细胞中,位于同一对同源染色体上的等位基因,具有一定的独立性。生物体进行减数分裂形成配子时,等位基因会随着同源染色体的分开而分离,分别进入两个配子中,独立地随配子遗传给后代。

## 二、基因的自由组合定律

### 1. 两对相对性状的遗传试验

在完成了一对相对性状传递规律的研究后，孟德尔进一步进行了两对相对性状的杂交的遗传分析，从而揭示出第二个规律——基因的自由组合定律。

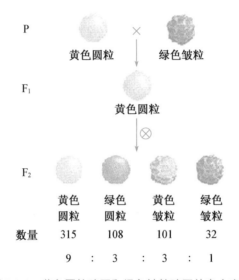

图 2-2-4　黄色圆粒豌豆和绿色皱粒豌豆的杂交实验

孟德尔选择了双显性亲本黄色圆粒和双隐性亲本绿色皱粒进行杂交，杂交结果，得到的子一代（F_1）都是黄色圆粒的种子。这表明，黄色对绿色是显性，圆粒对皱粒是显性。他又让 F_1 植株自交，在子二代（F_2）556 粒种子中，不仅出现了亲代原有的性状——黄色圆粒和绿色皱粒，还出现了新的性状——绿色圆粒和黄色皱粒。黄色圆粒、绿色圆粒、黄色皱粒和绿色皱粒的数量依次是 315、108、101 和 32。4 种表现型比值接近 9：3：3：1。

### 2. 对自由组合现象的解释

根据孟德尔建立的分离定律，对每对相对性状单独分析，其结果是：圆粒：皱粒其比近似 3：1；黄色：绿色其比也近似 3：1。这些数据表明，豌豆的粒形和粒色的遗传都遵循了基因的分离规律。孟德尔假设豌豆的粒形和粒色分别由一对等位基因控制，即黄色和绿色分别是由 Y 和 y 控制；圆粒和皱粒分别由 R 和 r 控制。这样，双显性的黄色圆粒和双隐性的绿色皱粒的基因型就分别是 YYRR 和 yyrr，它们的配子则分别是 YR 和 yr。受精后的 $F_1$ 的基因型就是 YyRr。Y 对 y、R 对 r 具有显性作用，故而，$F_1$ 的表现型是黄色圆粒。

$F_1$ 自交产生配子时，按分离定律，每对基因彼此分离，即 Y 与 y 分离、R 与 r 分离，同时，不同对的基因可自由组合，也即 Y 可以和 R 或 r 结合；y 可以和 R 或 r 组合。这里等位基因的分离和不同对基因之间的组合是彼此独立，互不干扰的。这样，$F_1$ 产生的雌配子和雄配子就各有 4 种，它们是 YR、Yr、yR 和 yr，其数量比接近 1：1：1：1。受精时雌雄配子的结合是随机的，结合的方式就有 16 种，其中含 9 种基因型和 4 种表现型。9 种基因型是：YYRR，YYRr，YYrr，YyRR，YyRr，Yyrr，yyRR，yyRr，yyrr；4 种表现型是：黄色圆粒、黄色皱粒、绿色圆粒、绿色皱粒，4 种表现型的数量比接近 9：3：3：1（图 2-2-5）。

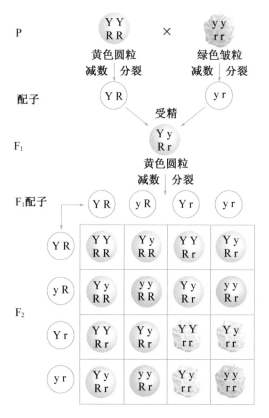

图 2-2-5　黄色圆粒豌豆和绿色皱粒豌豆的杂交试验的分析图解

### 3. 对自由组合现象解释的验证

孟德尔为了验证上述假说，还做了测交实验。就是将 $F_1$（YyRr）与双隐性纯合子（yyrr）杂交。按孟德尔的假设，$F_1$ 可产生 4 种配子，即 YR、Yr、yR、yr，且数量相等；而隐性纯合子只产生一种配子 yr。测交的结果预期产生 4 种后代：黄色圆粒（YyRr）、黄色皱粒（Yyrr）、绿色圆粒（yyRr）和绿色皱粒（yyrr），并且其数量应当近似相等。

孟德尔所做的测交试验，无论是以 $F_1$ 作母本还是作父本，结果都符合预期，也即 4 种表现型的实际种子的数量比都接近 1 ：1 ：1 ：1。从而证实了 $F_1$ 在形成配子时，不同对的基因是自由组合的。

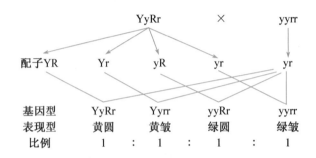

图 2-2-6　黄色圆粒豌豆和绿色皱粒豌豆的测交试验

表 2-2-2　豌豆两对相对性状遗传的 $F_1$ 测交试验结果

| 项目 | 表现型 | 黄色圆粒 | 黄色皱粒 | 绿色圆粒 | 绿色皱粒 |
|---|---|---|---|---|---|
| 实际子粒数 | $F_1$ 作母本 | 31 | 27 | 26 | 26 |
| | $F_1$ 作父本 | 24 | 22 | 25 | 26 |
| 不同性状的数量比 | | 1 ： | 1 ： | 1 ： | 1 |

### 4. 基因自由组合定律的实质

自由组合定律的实质是：位于非同源染色体上的非等位基因的分离或组合是互不干扰的。在减数分裂形成配子时，同源染色体上的等位基因彼此分离，同时非同源染色体上的非等位基因自由组合。

### 三、性别决定和伴性遗传

性别是包括植物、动物和人类在内的部分真核生物具有的重要遗传特征。

#### 1. 性别决定

以人为例,人的体细胞有 23 对染色体,其中 22 对男女一样的染色体,叫作常染色体(1～22 号染色体);有 1 对男女不同,叫作性染色体。性染色体是与性别相关且形态特殊的一对同源染色体。女性具有 22 对常染色体和一对 XX 性染色体。男性具有 22 对常染色体和一对 XY 性染色体(图 2-2-7)。根据基因的分离规律,男性个体可产生含 X 染色体的精子和含 Y 染色体的精子,且这两种精子的数目相等;女性个体只产生一种含 X 染色体的卵细胞。受精时,两种精子和卵细胞随机结合,因此形成两种数目相等的受精卵:含 XX 的受精卵和含 XY 的受精卵。前者将发育为女性,后者将发育为男性(图2-2-8)。

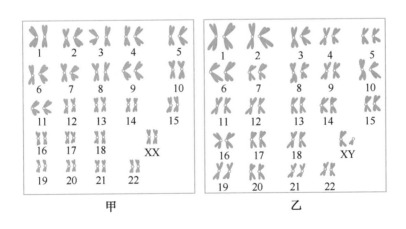

图 2-2-7　女性和男性体细胞中的染色体

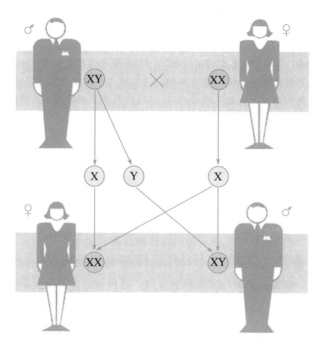

图 2-2-8　人类的性别决定图解

## 知识链接

### 性别决定类型

多数生物体细胞中有一对同源染色体的形状相互间往往不同,这对染色体跟性别决定直接有关,称为性染色体;由性染色体决定性别是生物界普遍存在的一种性别决定机制。

1. XY 型性别决定

凡是雄性个体有 2 个异型性染色体,雌性个体有 2 个相同的性染色体的类型,称为 XY 型。这类生物中,雌性的体细胞中含有 2 个相同的性染色体,记作 XX;雄性的体细胞中含有一个和雌性的 X 染色体一样的染色体,也记作 X,另一个与 X 大小不同的染色体记作 Y,因此体细胞中含有 XY 两条性染色体。XY 型性别决定,在动物中占绝大多数。全部哺乳动物、大部分爬行类、两栖类以及雌雄异株的植物都属于 XY 型性别决定。植物中有菠菜、大麻等。

### 2. ZW 型性别决定

凡雌性个体具有2个异型性染色体,雄性个体具有2个相同的性染色体的类型,称为 ZW 型。这类生物中,雄性是同配性别。即雌性的性染色体组成为 ZW,雄性的性染色体组成为 ZZ。鸟类、鳞翅目昆虫、某些两栖类及爬行类动物属这一类型。例如家鸡、家蚕等。

### 3. XO 型性别决定

蝗虫、蟋蟀等直翅目昆虫和蟑螂等少数动物的性别决定属于 XO 型。雌性为同配性别,体细胞中含有2条 X 染色体;雄性为异配性别,但仅含有1条 X 染色体。如雌性蝗虫有24条染色体(22+XX);雄性蝗虫有23条染色体(22+X)。减数分裂时,雌虫只产生一种 X 卵子;雄虫可产生有 X 和无 X 染色体的2种精子,其比例为1∶1。

### 4. 染色体的单双倍数决定性别

蜜蜂的性别由细胞中的染色体倍数决定。雄蜂由未受精的卵发育而成,为单倍体。雌蜂由受精卵发育而来,是二倍体。膜翅目昆虫中的蜜蜂、胡蜂、蚂蚁等都属于此种类型。

## 2. 伴性遗传

在遗传过程中子代的部分性状由性染色体上的基因控制,这种由性染色体上的基因控制性状的遗传方式称为伴性遗传。例如,人类的红绿色盲的遗传、血友病的遗传就属于伴性遗传。

红绿色盲是一种常见的人类遗传疾病。红绿色盲主要是患者不能够分辨红色以及绿色。这种病是由位于 X 染色体的隐性基因(b)控制的。Y 染色体由于短小而无这一基因。因此,红绿色盲是伴随 X 染色体向后代传递的。人类社会中,红绿色盲的遗传方式有以下几种情况:

如果一个色觉正常的女性(纯合子)和一个男性红绿色盲患者结婚(图2-2-10),其后代中:女儿从父亲那得到了一个红绿色盲基因,故是

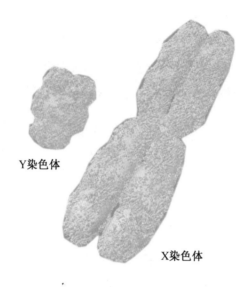

图 2-2-9　人的 X－Y 性染色体

色觉正常的红绿色盲携带者,儿子色觉正常。这说明,父亲的红绿色盲基因随着 X 染色体传给了女儿,不传给儿子,因为儿子需要接受父亲的 Y 染色体。

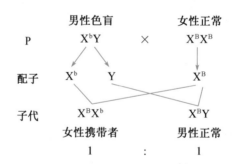

图 2-2-10　正常女性与男性红绿色盲的婚配图解

如果女性红绿色盲基因携带者和一个正常男性结婚(图 2-2-11),其后代中:女儿都不是红绿色盲,但有 1/2 是携带者;儿子有 1/2 正常,1/2 红绿色盲。

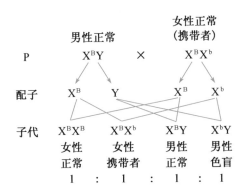

图 2-2-11  女性红绿色盲基因携带者与正常男性的婚配图解

完成以下图解并思考伴性遗传的规律,总结伴性遗传病男女患者数量差别很大的原因。

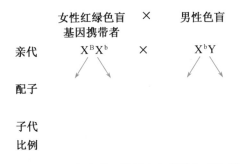

图 2-2-12  女性红绿色盲基因携带者与男性色盲的婚配图解

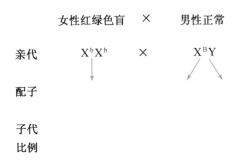

图 2-2-13  女性红绿色盲与正常男性的婚配图解

通过上述分析可看出,男性色盲患者多于女性。这是因为:只要母亲有色盲基因,儿子就有可能是色盲;而女儿要患病,必须夫妇双方都有色盲基因。据统计,我国红绿色盲的发病率中男性为 7%,女性仅为 0.5%。

伴性遗传在生物界普遍存在,抗维生素 D 佝偻病属于位于 X 染色体上的显性伴性遗传,还有外耳多毛症是位于 Y 染色体上的伴性遗传。

## 知识链接

### 色盲症是如何发现的

1794 年,28 岁的道尔顿在科技界已小有成就。有一天,他精心挑选了一双高级点的袜子送给妈妈。妈妈拿到袜子一看,顿时哈哈大笑,然后说:"我儿子把我当年轻人了,给我买了双樱桃红色的袜子,这叫我怎么穿得出门啊?"道尔顿感到奇怪,赶紧解释:"不,妈妈,我知道您年纪大了,不适合穿色彩鲜艳的,所以就选了双灰色的,可您硬要说是红色的。"疑惑不解的道尔顿就去问弟弟和周围的人,结果形成了两派意见:一派是道尔顿兄弟,硬说袜子是灰色的;一派是其他人,都说袜子是红色的。道尔顿有点疑惑了:"难道我们眼睛有问题了?我看着明明是灰色,怎么别人都说是红色?"

道尔顿是个肯动脑筋而又爱刨根究底的人。袜子颜色之争一事过后,人们都只当件怪事讲讲而已,他却不同,一心想解开这个谜。他用各种颜色的方块进行了几十次实验,最后发现,除他们兄弟二人外,还有不少人也经常把颜色认错。这说明眼睛不能辨别颜色是一种病。他把这种病称之为"色盲"。

其实,世界上有不少人都患有色盲病,由于这种病不痛不痒,对人活动影响不大,因此许多人本来患色盲病,却一辈子都不知道。道尔顿凭借敏锐的观察力,从日常生活的小事中发现了问题,并一直研究下去,结果在世界上最先发现了色盲病,为人类做出了贡献。

# 2.3　遗传物质的改变与遗传病

遗传物质的改变包括基因突变和染色体畸变。基因突变指的是基因的结构发生改变，也就是编码氨基酸的 DNA 碱基发生变化，通常有碱基替换、移码突变等，当碱基改变后，基因编码的各种氨基酸、蛋白质的结构功能也会随之发生改变。染色体畸变指染色体结构和数目的改变，又称为染色体突变。基因突变在光学显微镜下是看不见的，而染色体畸变可以用显微镜直接观察到。

## 一、基因突变

人的镰状细胞贫血症，是因为细胞含有异常的血红蛋白导致的。原因就是 β 基因发生基因突变，导致血红蛋白分子的多肽链上的一个谷氨酸被一个缬氨酸代替，从而导致红细胞发生变化。这种基因突变是由于某个碱基被替换产生的，我们一般称为点突变，此外还有插入或者丢失 1～2 个碱基引起的移码突变，还有一种是较大片段 DNA 的缺失引起的缺失突变（图 2-3-1）。

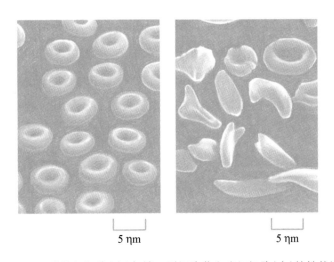

5 ηm　　　　5 ηm

图 2-3-1　正常性红细胞(左)与镰刀型细胞贫血症红细胞(右)的性状比较

基因突变在生物进化中具有重要意义。它是生物变异的根本来源，为生物进化提供了最初的原材料。引起基因突变的因素很多，主要为三类：（一）物理因素，如 X 射线、激光等；（二）化学因素，一些化学物质和辐射一样能够引起生物体发生基因突变，如金属离子、生物碱、生长刺激素、抗生素、农药、灭菌剂、色素、染料等；（三）生物因素，包括病毒和某些细菌，如乙肝病毒等。

## 知识链接

### 人类基因组计划

人类基因组计划由美国科学家于 1985 年率先提出，于 1990 年正式启动的。美国、英国、法国、德国、日本和我国科学家共同参与了这一预算达 30 亿美元的人类基因组计划。按照这个计划的设想，在 2005 年，要把人体内约 2.5 万个基因的密码全部解开，主要包括四张图谱：遗传图谱、物理图谱、序列图谱、基因图谱，此外还有测序技术、人类基因组序列变异、功能基因组技术、比较基因组学、社会、法律、伦理研究、生物信息学和计算生物学、教育培训等。人类基因组计划与曼哈顿原子弹计划和阿波罗计划并称为三大科学计划，其被誉为生命科学的"登月计划"。人类基因组计划是一项规模宏大、跨国跨学科的科学探索工程。其宗旨在于测定组成人类染色体（指单倍体）中所包含的 30 亿个碱基对组成的核苷酸序列，从而绘制人类基因组图谱，并且辨识其载有的基因及其序列，达到破译人类遗传信息的最终目的。2010 年 1 月，来自美国农业部、美国能源部联合基因组研究所等单位的研究人员联合在《自然》宣布，该研究团队利用"全基因组鸟枪测序法"对大豆基因组的 11 亿个碱基进行测序，公布了第一张豆科植物完整基因组序列图谱。这也是目前利用全基因组鸟枪测序完成的最大植物基因组。人类基因组计划作为整个生命科学发展的"突破口"，可以带动生命科学其他领域及应用生物技术的发展，并对所涉及的伦理、法律等社会科学领域也将产生巨大的影响。因此,人类基因组计划的研究不仅具有深刻的科学意义,也具有深远的社会意义。

## 二、染色体畸变

### (一) 染色体结构的变异

人的体细胞中的染色体共 23 对,其中 22 对常染色体,一对性染色体。若其结构和数目发生改变就会引起人类染色体病,目前已经发现的人类染色体病有一百余种。

最常见的由于染色体结构改变引起的疾病是人的第 5 号染色体的断臂缺失后会引起一种名叫猫叫综合征的疾病(图 2-3-2)。其群体发病率为 1/50 000。患儿生长缓慢,智力较低,哭声呈奇怪的高频哀鸣,极似猫叫,故称猫叫综合征。

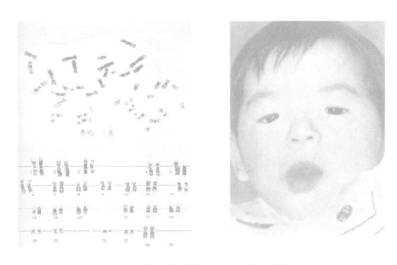

图 2-3-2　猫叫综合征患者的染色体

### (二) 染色体数量的变异

如先天性愚型,又称为 Down 综合征。人群中的发病率高达 1/600～1/800。检查患者的染色体,可看到他比正常人多了一条 21 号染色体(图 2-3-3)。所以这种病又叫 21 三体综合征。患者表性异常,智商低下，50％的患儿有先天性心脏病，部分患儿在发育中夭折。

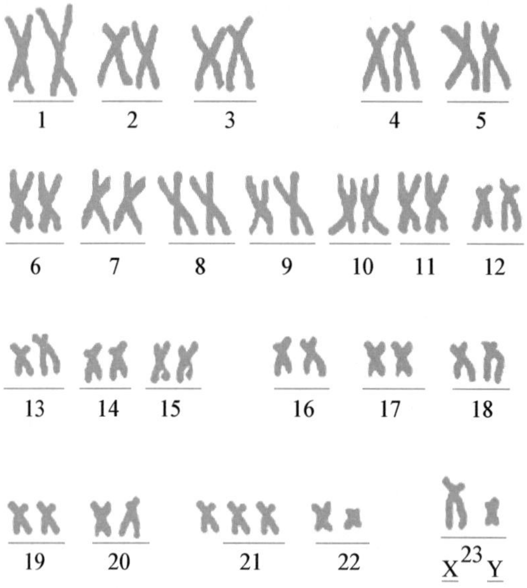

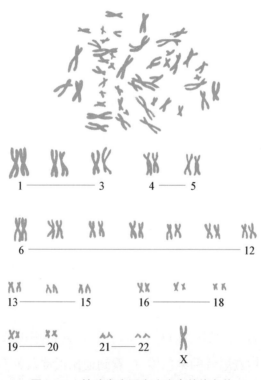

图 2-3-3　先天性愚型患者

性腺发育不良症（图 2-3-4）。这是女性中最常见的，发病率是

图 2-3-4　性腺发育不良症患者的染色体

1/3 500。经染色体检查,发现患者缺少一条 X 染色体。其外部特征是:身体较矮小(身高 120～140 cm),肘常外翻,盾形胸。外观虽表现为女性,但性腺和外生殖器都发育不良,乳房不发育,无生育能力。此病患者约 35％伴有先天性心脏病。

## 三、优生优育

为了减少遗传疾病的传播,减少后代遗传病的发生,降低社会人群中产生不良表现型的基因频率,现在提出了各种预防性优生学,其主要内容是研究降低产生不利表现型的不利基因的途径。

提倡优生可以做到以下几点:

(1) 积极开展婚前检查。由于男女双方的健康程度直接影响到是否可以生下健康的孩子,开展婚前检查可有效地指导男女双方的身体健康状态,及早发现各种可能存在的问题,就可以早日处理,防患于未然。

(2) 对直系血亲和三代以内的旁系血亲等近亲结婚从法律上给予限制,控制有遗传病的人联姻等,可以显著降低后代各种遗传病的发生率。

(3) 提倡适龄生育。20 岁以下年轻母亲所生子女中,先天畸形发生率比 25～34 岁者要高 50％。40 岁以上母亲所生子女中,先天愚型的发病率要比 25～34 岁者高 10 倍。无论母亲还是父亲,年龄过低或过高都是危险的,意味着要付出更高的代价。

(4) 积极开展遗传咨询,通过专家或者专业机构给予人们有关结婚和生育方面的遗传学指导。专家应该向人们解释和强调遗传缺陷的发生原因、遗传方式、再发的风险,推荐相应的防治措施、判断是否适合生育等。咨询时应该根据家族历史以及各种临床资料来判断,必要时必须进行一些临床诊断和遗传学分析如携带者检测等。

## 本章小结

本章从分子水平来认识遗传和变异，也就是学习了 DNA 的结构，基因的本质，通过孟德尔的遗传实验学习了遗传的基本规律，掌握了生物性别的决定方式。最后了解了遗传物质的改变和优生的基础知识。

## 思考训练

1. 下列化合物中，不是组成 DNA 的物质是 （　）

　A. 核糖　　　B. 磷酸　　　C. 鸟嘌呤　　　D. 胞嘧啶

2. 组成 DNA 的五碳糖、含氮碱基、脱氧核苷酸的种类数依次是

（　）

　A. 1、2、4　　B. 2、4、4　　C. 1、4、4　　D. 2、4、8

3. 在双链 DNA 分子中，两条链上的碱基间是通过下列哪种结构连接起来的 （　）

　A. 氢键

　B. —脱氧核糖—磷酸—脱氧核糖—

　C. 肽键

　D. —磷酸—脱氧核糖—磷酸—

4. 在 DNA 分子的一条单链中，相邻的碱基 A 与 T 是通过下列哪种结构连接起来的 （　）

　A. 氢键

　B. —脱氧核糖—磷酸—脱氧核糖—

　C. 肽键

　D. —磷酸—脱氧核糖—磷酸—

5. 下列关于 DNA 结构的叙述中，错误的是 （　）

　A. 大多数 DNA 分子由两条核糖核苷酸长链盘旋成螺旋结构

　B. 外侧是由磷酸和脱氧核糖交替连接构成的基本骨架，内侧是碱基

  C. DNA 两条链上的碱基间以氢键相连，且 A 与 T 配对，C 与 G 配对

  D. DNA 的两条链反向平行

6. 下列各组中不属于相对性状的是　　　　　　　　　　（　　）

  A. 水稻的早熟与晚熟

  B. 豌豆的紫花与红花

  C. 家兔的长毛与细毛

  D. 小麦的抗病和不抗病（易染病）

7. 孟德尔通过豌豆的 7 对相对性状实验，发现其 $F_2$ 的相对性状分离比均接近于　　　　　　　　　　　　　　　　　　　　（　　）

  A. 2 : 1   B. 3 : 1   C. 4 : 1   D. 5 : 1

8. 对隐性性状的正确表述是　　　　　　　　　　　　（　　）

  A. 后代中表现不出来的性状

  B. 后代中不常出现的性状

  C. 杂种 $F_1$ 未出现的亲本性状

  D. $F_2$ 未出现的亲本性状

9. 高茎豌豆(Dd)能产生含有哪种遗传因子的配子　　　（　　）

  A. 只有含 D 的配子

  B. 有含 D 的配子，也有含 d 的配子

  C. 只有含 d 的配子

  D. 只有含 D 的配子，或只有含 d 的配子

10. 下列杂交组合(遗传因子 E 控制显性性状，e 控制隐性性状)产生的后代，哪一组符合性状分离的概念会发生性状分离　　（　　）

  A. EE×ee     B. EE×Ee

  C. EE×EE     D. Ee×Ee

11. 两个亲本杂交，基因遗传遵循自由组合定律，其子代的基因型是：1YYRR、1YYrr、1Yyrr、2YYRr、2YyRr，那么这两个亲本的基因型是　　　　　　　　　　　　　　　　　　　　　　　（　　）

  A. YYRR 和 YYRr   B. YYrr 和 YyRr

  C. YYRr 和 YyRr   D. YyRr 和 YyRr

12. 基因型为 AaBb 的个体进行测交，后代中不会出现的基因型是 （　　）

    A. AaBb      B. aabb      C. AABb      D. aaBb

13. DDTt×ddtt（遗传遵循自由组合定律），其后代中能稳定遗传的占 （　　）

    A. 100%      B. 50%      C. 25%      D. 0

14. 狗的黑毛（B）对白毛（b）为显性，短毛（D）对长毛（d）为显性，这两对基因的遗传遵循自由组合定律。现有两只白色短毛狗交配，共生出 23 只白色短毛狗和 9 只白色长毛狗。这对亲本的基因型分别是 （　　）

    A. BbDd 和 BbDd      B. bbDd 和 bbDd

    C. bbDD 和 bbDD      D. bbDD 和 bbDd

15. 下列关于红绿色盲遗传的叙述中，错误的是 （　　）

    A. 男性不存在携带者      B. 表现为交叉遗传现象

    C. 有隔代遗传现象      D. 色盲男性的母亲必定是色盲

16. 一个正常男子与一个色盲女子结婚，他们所生的儿子和女儿的基因型分别是 （　　）

    A. $X^BY$ 和 $X^BX^b$      B. $X^BY$ 和 $X^bX^b$

    C. $X^bY$ 和 $X^BX^b$      D. $X^bY$ 和 $X^bX^b$

17. 人类表现伴性遗传的根本原因在于 （　　）

    A. X 与 Y 染色体有些基因不同

    B. 性染色体上的基因不同于常染色体上的基因

    C. 性染色体没有同源染色体

    D. 基因通常只存在于一种性染色体上，在其同源染色体上没有等位基因

18. 下列哪项不是伴 X 染色体显性遗传病的特点 （　　）

    A. 患者的双亲中至少有一个是患者

    B. 患者女性多于男性

    C. 男性患者的女儿全部患病

    D. 此病表现为隔代遗传

19. 大豆的花色由一对遗传因子控制,下表是大豆的花色三个组合的遗传实验结果。请回答:

| 组合 | 亲本表现型 | 子代表现型和植株数目 | |
|---|---|---|---|
| | | 白花 | 紫花 |
| 1 | 紫花×白花 | 405 | 401 |
| 2 | 白花×白花 | 807 | 0 |
| 3 | 紫花×紫花 | 413 | 1 240 |

(1) 由表中第_____个组合实验可知_____花为显性性状。

(2) 表中第_____个组合实验为测交实验。

(3) 第 3 个组合中,子代的所有个体中,纯合子所占的比率是_____。

20. 多指为显性遗传,丈夫为多指(Ss),其妻子正常(ss),这对夫妇双亲中都有一个先天性聋哑患者(bb),预计这对夫妇生一个既多指又聋哑女孩的概率是_____。

21. 某植物的基因型为 aaBb,若通过无性生殖产生后代,后代的基因型是_____,若通过自花传粉产生后代,后代的基因型是_____。

22. 下图是一种伴性遗传病的家系图,相关基因用 A、a 表示。请回答:

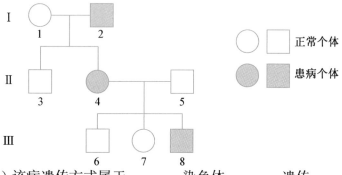

(1) 该病遗传方式属于_____染色体_____遗传。

(2) Ⅱ-4 个体的基因型为_____,Ⅱ-4 和 Ⅱ-5 再生一个女儿患该病的概率为_____。

(3) Ⅲ-8 个体与一正常女性结婚,在进行产前咨询时,医生会从优生的角度考虑,建议他们生一个_____(填"男孩"或"女孩")。

# 第 3 章  生物的进化

章 首 语 ▶

　　生命是怎样起源又是怎样进化的问题，是现代自然科学尚未完全解决的重大问题，是人们关注和争论的焦点。历史上对这个问题也存在着多种臆测和假说，并有很多争议。随着认识的不断深入和各种不同的证据的发现，人们对生命起源的问题有了更深入的研究，本章主要介绍几种生物进化的理论，帮助我们理解生物通过进化形成物种的多样性。

**思维导图** ▶

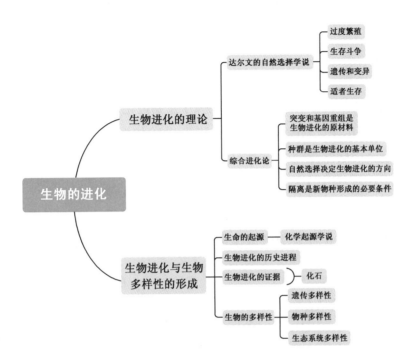

# 3.1 生物进化的理论

## 一、达尔文的自然选择学说

自然选择说是由达尔文提出的关于生物进化机理的一种学说。达尔文认为，在变化着的生活条件下，生物几乎都表现出个体差异，并有过度繁殖的倾向；在生存斗争过程中，具有有利变异的个体能生存下来并繁殖后代，具有不利变异的个体则逐渐被淘汰。

此种汰劣留良或适者生存的原理，达尔文称之为自然选择。他认为应用自然选择原理可以说明生物界的适应性、多样性和物种的起源。

图 3-1-1　长颈鹿的进化

其主要内容有四点：过度繁殖，生存斗争（也叫生存竞争），遗传和变异，适者生存。达尔文认为，自然选择过程是一个长期的、缓慢的、连续的过程。由于生存斗争不断地进行，因而自然选择也是不断地进行，通过一代代的生存环境的选择作用，物种变异被定向地向着一个方向积累，于是性状逐渐和原来的祖先不同了，这样新的物种就形成了。由于生物所在的环境是多种多样的，因此，生物适应环境的方式也是多种多样的，所以，经过自然选择也就形成了生物界的多样性。

## 进化论的先驱

18世纪中叶，虽然"物种不变"的思想占据统治地位，即地球上包括人类在内的各种生物，都是上帝创造的，是一成不变的，或只能在种的范围内变化，不能形成新物种。在该研究领域，教会的势力也还非常强大，但已有一些人公开提出了"物种可变"的进化思想。

法国的布丰提出：生命起源于海洋，以后慢慢发展到陆地，在不同的环境条件下，生物的器官会发生变化。比如猪的侧趾虽已失去了功能，但内部的骨骼仍是完整的。因此，他认为有些物种是退化出来的，类人猿就有可能是人退化的，驴和斑马可能是马退化的结果。但迫于教会的势力，布丰的生物进化思想夭折。

法国的居维叶发现，不同时代的地层里含有不同的化石，地层越古老，化石也就越原始、简单。但他却提出了"灾变"学说，即地球经常发生各种突如其来的灾害性变化，并且有的灾害是具有很大规模的。每当经过一次巨大的灾害性变化，就会使几乎所有的生物灭绝。这些灭绝的生物就沉积在相应的地层，并变成化石而被保存下来。这时，造物主又重新创造出新的物种，使地球又重新恢复了生机。原来地球上有多少物种，每个物种都具有什么样的形态和结构，造物主已不记得十分准确了。所以造物主只是根据原来的大致印象来创造新的物种。

法国的拉马克认为一些种属是由另外一些种属逐渐发展而来的，而低级种属向高级种属的变化，则需要一段漫长的地质时期。他在《动物哲学》中系统地阐述了他的进化学说，提出了"用进废退说"。即有的器官由于经常使用而发达，如食蚁兽的舌头之所以细长，是由于长期舔食蚂蚁的结果；有的器官由于经常不用而退化,如鼹鼠长期生活在地下,眼睛就萎缩、退化。

拉马克是提倡生物进化学说的先驱者。他与当时占统治地位的物种不变论者进行过激烈的斗争,可惜其思想在当时并不为人们所接受。50年后,达尔文《物种起源》一书问世,生物进化论才正式建立起来。

## 二、综合进化论

综合进化论又称现代达尔文主义,是现代进化论中最有影响的一种学说,是对达尔文进化论的发展和补充。

### (一)突变和基因重组是生物进化的原材料

可遗传的变异是生物进化的原始材料,可遗传的变异主要来自基因突变、基因重组和染色体变异,在生物进化理论中,常将基因突变和染色体变异统称为突变。突变和基因重组都是不定向的,有有利的,也有不利的。但有利和不利不是绝对的,这要取决于环境条件。环境条件改变了,原先有利的变异可能变得不利,而原先不利的变异可能变得有利。这种随机的、没有方向性的变异只能给生物进化提供原始材料,不能决定生物进化的方向。生物进化的方向是由自然选择来决定的。

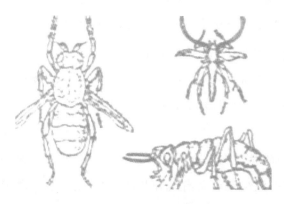

图 3-1-2　海岛上无翅和残翅的昆虫

19世纪,达尔文进行环球考察时,发现印度洋南部的克格伦岛上无翅和残翅的昆虫特别多(图 3-1-2),这是由于岛上经常刮大暴风,那么在长期的进化过程中,不能飞翔的昆虫不容易被风刮到海里,这些突变产生的无翅和残翅的昆虫(一般情况下这类昆虫难以生存)通过自然选择生存了下来。

(二)种群是生物进化的基本单位

一个物种中的一个个体是不能长期生存的,物种长期生存的基本单位是种群。种群是生活在一定区域内同种生物的总和(图 3-1-3)。一个个体是不可能进化的,生物的进化是通过自然选择实现的,自然选择的对象不是个体而是一个群体。种群也是生物繁殖的基本单位,种群内的个体不是机械的集合在一起,而是彼此可以自由交配,并通过繁殖将各自的基因传递给后代。

图 3-1-3　种群

(三)自然选择决定生物进化的方向

18 世纪的英国曼彻斯特地区,山清水秀,绿树成荫。那里的森林中生活着一种桦尺蠖,其成虫是一种飞蛾(图 3-1-4),有浅色和深色两种类型。它们夜间活动,白天栖息在长满地衣的树干上。这里的桦尺蠖大多是浅色的,少数是深色的。后来因为这里工厂林立,烟雾弥漫,层层煤炭把原来浅灰色的树干染成黑色，这时又有一些生物学家来此地采集桦尺蛾标本，惊讶地发现在这次采集的标本中深色桦尺蛾成了多数，浅色桦尺蛾成了少数。这说明环境的变化影响了桦尺蛾的生存，与环境相一致、形成保护色的个体容易生存；反之则容易被淘汰。因此造成这种变化的原因是自然选择。即环境的变化对浅色桦尺蛾的生存不利，对深色桦尺蛾的生存有利。在生物进化的过程中，不断有新物种的产生和旧物种的灭绝，这是因为经过长期的自然选择，生物不利的变异被淘汰，有利的变异则逐渐积累，导致物种朝着一定方向缓慢地进化。可见，生物进化的方向是由自然选择决定的。

图 3-1-4　英国曼彻斯特的桦尺蛾

（四）隔离是新物种形成的必要条件

隔离是将一个种群分割成许多小种群，使彼此之间不能交配。它是新物种产生的一个重要条件。常见的隔离有地理隔离和生殖隔离。经过长期的地理隔离而最终达到生殖隔离是形成新物种较常见的一种形式。

地理隔离是指分布在不同自然区域的种群，由于地理空间上的隔离使彼此间无法相遇而不能进行基因交流。一定的地理隔离及相应区域的自然选择，可使分开的小种群朝着不同方向分化，形成各自的基因库和基因频率，产生同一物种的不同亚种。分类学上把只有地理隔离的同一物种的几个种群叫亚种。

生殖隔离是指种群间的个体不能自由交配，或者交配后不能产生出可育的后代的现象。一定的地理隔离有助于亚种的形成，进一步的地理隔离使它们的基因库和基因频率继续朝不同方向发展，形成更大

图 3-1-5　加拉戈斯群岛上的几种地雀

的差异。把这样的群体和最初的种群放一起,将不发生基因交流,说明它们已经和原来的种群形成了生殖屏障,即生殖隔离。地理隔离是物种形成的量变阶段,生殖隔离是物种形成的质变时期。只有地理隔离而不形成生殖隔离,只能产生生物新类型或亚种,绝不可能产生新的物种。生殖隔离是物种形成的关键,是物种形成的最后阶段,是物种间真正的界线。

现代综合进化论彻底否定了获得性的遗传,强调进化的渐进性,认为进化现象是群体现象并重新肯定了自然选择的压倒一切的重要性。现代综合进化论继承和发展了达尔文学说,能较好地解释各种进化现象,所以近半个世纪以来,在进化论方面一直处于主导地位。

## 3.2　生物进化与生物多样性的形成

### 一、生命的起源

从达尔文的进化论,到目前流行的宇宙大爆炸假说,科学家们对于生命起源提出了各种理论。当前,被普遍接受的是化学起源说。

46 亿年前,刚刚形成的地球是一个没有生命的世界。地球上的生命是在地球温度逐步下降以后,在极其漫长的时间中,由非生命物质经过极其复杂的化学过程，一步步演变而成（图 3-2-1）。生命起源分四个阶段：一是从无机小分子生成有机小分子的阶段，即生命起源的化学进化过程是在原始的地球条件下进行的；二是从有机小分子物质生成生物大分子物质；三是从生物大分子物质组成多分子体系；四是有机多分子体系演变为原始生命。因此，原始海洋是原始生命诞生的摇篮。

46亿年前

图 3-2-1　地球生物进化史

## 二、生物进化的历史进程

原始生命的产生，揭开了生物进化发展的新纪元。让我们概括地认识各类生物进化的先后顺序，简要地了解生物进化的历史进程。

古生代约开始于 5.7 亿年前，共有 6 个纪，分为寒武纪、奥陶纪、志留纪、泥盆纪、石炭纪和二叠纪。每一纪大约为 3 000 万年到 7 500 万年不等。早古生代为藻类的时代。到志留纪早期维管植物才出现。早、中泥盆纪为早期维管植物的时代，前裸子植物则刚刚出现。晚泥盆纪和早石炭纪以石松纲和楔叶纲为主，真蕨纲、前裸子植物和种子蕨植物次之。晚石炭纪和早二叠纪苏铁和银杏刚刚出现。到晚二叠纪，松柏目和银杏目植物增多，进入到裸子植物的时代。而动物界则出现了三叶虫和珊瑚、腕足类等。三叶虫是一种节肢动物，寒武纪是三叶虫的全盛时代。到奥陶纪时出现了软体动物门的头足纲，主要生物门类还有腕足类、三叶虫等。最值得注意的是在志留纪中期出现了脊椎动物——鱼类。

中生代的年代为 2.51 亿年前至 6 600 万年前,又称为爬行动物的时代。可分为三叠纪、侏罗纪和白垩纪三个纪。中生代植物以真蕨类和裸子植物最繁盛。到中生代末,虽然被子植物得到了发展,但裸子植物仍占据着重要地位。中生代动物以爬行类动物最繁盛。海洋里有鱼龙和蛇颈龙。鱼龙的外形有点像现代的海豚;蛇颈龙与鱼龙一样,但颈很长,牙齿尖利,最大的蛇颈龙约有 15 米长。它们是海洋的霸主,也是以捕鱼为生的。空中有飞龙和翼手龙。飞龙长着尖长的头颅,尖利的牙齿,身后还拖着一条长尾巴,它两翼展开时有 6 米多长。在陆地、湖泊和沼泽地里有各种各样的恐龙。它们形状有的像鸵鸟,有的像乌龟,最大的体重约 80 吨,比 16 头现代非洲大象还要重,最小的只有鸡那么大。它们有的吃植物,也有的吃别的恐龙或其他动物。中生代末发生著名的生物绝灭事件,特别是恐龙类绝灭。有人认为生物绝灭事件与地外小天体撞击地球有关,但真正原因有待进一步研究确定。在三叠纪时还开始出现了类似于鼠类的最原始的哺乳动物,它们直到恐龙灭绝以后才有了新的进化和发展。

图 3-2-2　生物进化系统树

新生代时期是地球的成熟时期，包括现代在内，整个新生代大约为6 700万年，由第三纪和第四纪组成。虽然新生代延续时间相对较短，但就在这个时期，地球表面海陆分布、气候状况、生物界面貌逐渐演变到现代的样子。新生代早期已经有了哺乳动物，主要有两大类：古有蹄类和古食肉类，随着它们的进化，到了第三纪中、晚期，古有蹄类先是有奇蹄类，如马、犀等，后有偶蹄类，如羊、牛等；古食肉类也渐渐进化成各种猛兽，如狮、豹、虎等。生物经过几十亿年的进化，走过了从无到有、从低级到高级的许多发展阶段，终于在最新地质历史时期产生了生命之花——人类。

## 三、生物进化的证据

要研究生物进化的问题，首先要了解过去的生物。但远古的生物大部分都已消失，只有少数以化石的形式保存了下来，成为人类认识古生物的重要依据。化石是保存在地层中的古生物遗体、遗物和生活遗迹，为研究生物进化提供了直接的证据（图3-2-3）。

图3-2-3　化石

各类生物的化石在地层里是按照一定顺序出现的。科学家通过纵向比较不同地层中的生物化石，不仅可证明生物是进化的，而且可以了解这些生物的进化过程。化石显示：在形成越早、离现在越久远的地层中，形成化石的生物越低等、结构越简单，生物的种类也越少；在形成越晚、离现在越近的地层中，形成化石的生物越高等、结构越复杂，生物的种类也越多。科学家在地层中还发现了一些中间过渡类型的化石,这些化石揭示了不同生物之间的进化关系。例如在德国发现的始祖鸟化石,在我国辽宁发现的中华龙鸟、孔子鸟等大量的古鸟化石,这些化石证实鸟类起源于古代的爬行动物。

还有其他证据来研究生物进化,如科学家通过横向比较现存生物的解剖结构、胚胎发育、DNA 和蛋白质等的相似性,来确定它们之间的亲缘关系和进化顺序。

### 知识链接

#### 米勒的生命起源实验

1952 年,美国芝加哥大学研究生米勒,进行了模拟原始大气条件(如雷鸣闪电)的实验,由无机物混合物($CH_4$、$H_2O$、$H_2$和少量 $NH_3$)得到了 20 种有机化合物,其中 11 种氨基酸中有 4 种(甘氨酸、丙氨酸、天门冬氨酸和谷氨酸)是生物的蛋白质

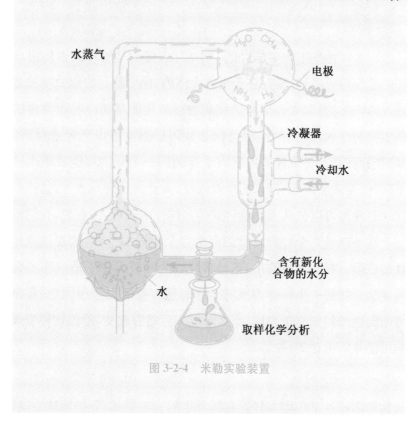

图 3-2-4　米勒实验装置

所含有的，而当时人们认为蛋白质是生命的本质。米勒的实验在当时很有创新性，不仅启发人们沿着化学进化这一方向进行更深入的研究，也启发人们去探索生物分子的非生物合成。

在早期的地球上，存在甲烷、氨气、水、氢气，还有原始的海洋，当早期地球上闪电作用把这些气体聚合成多种氨基酸，而多种氨基酸，在常温常压下，它可能在局部浓缩，再进一步演化成蛋白质和其他的多糖类以及高分子脂类，在一定的时候有可能孕发成生命，这就是米勒描述的生命进化的过程。

## 四、生物的多样性

生物多样性是指一定范围内多种多样活的有机体（动物、植物、微生物）有规律地结合所构成的稳定的生态综合体。这种多样性包括动物、植物、微生物的物种多样性，物种遗传的多样性及生态系统的多样性。

### （一）遗传多样性

遗传多样性是生物多样性的一个层面，指的是物种的遗传组成中全部的遗传特征之和，即存在于生物个体内、单个物种内以及物种之间的基因多样性，因而成为生命进化和物种分化的基础。它所考察的对象是生物的性状，这里的性状可以是基因层面也可以是表观层面的。就基因层面而言，一个种群内所有个体的同一个基因可能表现出极大的不同；就表观层面而言，人的单双眼皮、大豆的荚裂与否等，这些不同的性状表现都可以被认为是物种遗传多样性的表现，或者说，我们没法在一个物种或是一个种群内找到两个完全相同的个体，这便是遗传多样性的表现。在一个种群中，遗传多样性为种群提供了适应环境变化的可能性。如果一个种群内所有个体的遗传特征完全相同，或者在某一方面的遗传特征完全相同，那么环境一旦略有改变，给该物种带来的影响可能是毁灭性的。

### （二）物种多样性

物种多样性是生物多样性在物种上的表现形式，是指地球上动物、植物、微生物等生物种类的丰富程度,也是生物多样性的关键,它既体现了生物之间及环境之间的复杂关系,又体现了生物资源的丰富性。物种多样性常用物种丰富度来表示。所谓物种丰富度是指一定面积内物种的总数目。多种多样的物种是生态系统不可缺少的组成部分,生态系统中的物质循环、能量流动和信息传递与其组成的物种密切相关,此外物种资源也是农、林、牧、副、渔业经营利用的直接对象。

### (三) 生态系统多样性

生态系统多样性是指生物圈内栖息地、生物群落和生态学过程的多样性,以及生态系统内栖息地差异和生态学过程变化的多样性。在各地区不同物理背景中形成多样的生态环境,分布着不同的生态系统;一个生态系统其群落由不同的种类组成,它们的结构关系多样,执行的功能不同,因而在生态过程中的作用也很不一致。

生态系统多样性既与生态环境的变化有关,也与物种本身的多样性和兴旺的程度密切相关。生态环境提供能量、营养成分、水分、氧和二氧化碳,使整个生态系统正常地执行能量转化和物质循环的复杂过程,从生产、消费到分解,保证物种的持续演变和发展。生物多样性和生态过程构成了生物圈的基本组成部分,是人类赖以生存的物质基础。

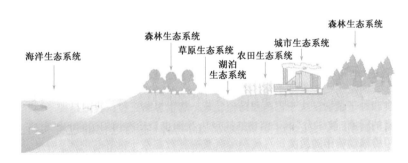

图 3-2-5　生态系统的多样性

生物多样性是地球生命的基础。生物多样性的意义主要体现在它的价值。对于人类来说,地球是我们美丽的家园,各种各样的生物在这个家园中都扮演着不同的角色,它们相互依存,相互作用,相互影响着。可以说,保护生物多样性就等于保护了人类生存和社会发展的基石,保护了人类文化多样性的基础,就是保护人类自身。

**知识链接**

### 保护生物多样性的措施

1. 完善生物保护相关法律法规，坚决以法律手段保护生态环境。

2. 各地建立自然保护区。建立国家自然公园，动物、植物园，水族馆等设施已成为世界各国保护生态环境和动植物免于灭绝并得以生存的主要手段。我国的神农架、卧龙等自然保护区，对金丝猴、熊猫等珍稀、濒危物种的保护和繁殖起到了重要的作用。

3. 建立珍稀动物保护基地。着手建立珍稀动物的保护基地，进行干预和繁殖，或划定区域实行天然放养。

4. 建立基因库。保护作物的栽培种及其会灭绝的野生亲缘种。例如目前人类许多基因库贮藏着豆类、谷类和薯类等主要农作物的种子。

## 本章小结

随着科学的发展，人们对生物进化的认识不断深入，形成了以自然选择学说为核心的现代生物进化理论，其主要内容是：种群是生物进化的基本单位；突变和基因重组提供进化的原材料，自然选择导致种群基因频率的定向改变；通过隔离形成新的物种；生物进化的过程实际上是生物与生物、生物与无机环境共同进化的过程，进化导致生物的多样性。

关于生物进化的原因，目前仍存在着不同的观点。有人认为大量的基因突变是中性的，导致生物进化的是中性突变的积累而不是自然选择；有人认为物种的形成并不都是渐变的，而是物种长期稳定与迅速形成新种交替出现的过程。生物进化的理论仍在发展。

达尔文在科学上的成就得益于大量仔细的观察和严谨的逻辑推

理。现代生物进化理论的形成是种群遗传学、古生物学等多学科知识综合的结果,数学方法的运用也起到重要作用。

生物进化理论深刻地改变了人们对自然界的看法,为辩证唯物主义观点奠定了生物学基础,也帮助人们正确地看待自己在自然界的地位,建立人与自然和谐发展的观念。

生物进化理论发展的历史和现状表明,科学的基本特点是以怀疑作审视的出发点,以实证为判别尺度,以逻辑作论辩的武器。科学是一个动态的过程,在不断地怀疑和求证、争论和修正中向前发展。

## 思考训练

1. 用达尔文的观点解释长颈鹿的长颈形成的原因是 （ ）

　　A. 森林中雨水充足使鹿的身体高大,则颈也长

　　B. 生活在食物充足环境中长颈鹿脖子长得长

　　C. 由于生活环境不同,使鹿的颈有长有短

　　D. 长颈变异的个体生存机会多,并一代一代积累而成

2. 以自然选择为中心的生物进化学说没能解决的问题是 （ ）

　　A. 生物进化的原因　　　　　B. 说明物种是可变的

　　C. 解释生物的适应性及多样性　D. 阐明遗传和变异的本质

3. 用达尔文进化观点分析,动物的体色常与环境极为相似的原因是 （ ）

　　A. 人工选择的结果　　　　　B. 自然选择的结果

　　C. 不能解释的自然现象　　　D. 动物聪明的表现

4. 地球上出现原始生命后,生物经历了漫长的进化、发展过程。下列关于生物进化规律的叙述,错误的是 （ ）

　　A. 结构由简单到复杂　　　　B. 生命形成由低等到高等

　　C. 个体由小到大　　　　　　D. 生活环境由水生到陆生

5. 原始大气不含有 （ ）

　　A. 水蒸气　　　B. 氧气　　　C. 氨气　　　D. 氢气

6. 原始生命形成的场所是 （　　）

    A. 原始海洋　　B. 原始大气　　C. 雨水　　　　D. 火山口

7. 生物进化过程中最可靠的证据是 （　　）

    A. 地层　　　　B. 化石　　　　C. 火山喷发　　D. 岩浆

8. 越古老的地层中，成为化石的生物 （　　）

    A. 越复杂，越低等　　　　　　B. 越简单，越高等

    C. 越复杂，越高等　　　　　　D. 越简单，越低等

9. 下列关于生物进化规律的叙述，正确的是 （　　）

    1. 结构由简单到复杂　　　2. 生命形式由低等到高等

    3. 个体由小到大　　　　　　4. 生活环境由水生到陆生

    A. 1、2、3　　　B. 1、2、4　　　C. 1、3、4　　　D. 2、3、4

10. 始祖鸟化石证明下列哪两类生物有较近的亲缘关系 （　　）

    A. 两栖类和鸟类　　　　　　B. 两栖类和爬行类

    C. 爬行类和鸟类　　　　　　D. 哺乳类和鸟类

11. 请解释变异在生物进化中的作用。

12. 描述地理隔离是如何导致新物种形成的？

13. 现在的地球环境条件下，还会有原始生命形成吗？为什么？

14. 在保护我国生物多样性方面，你认为作为一名学生应当怎么做？

# 第 4 章　生态学基础

**章 首 语** ▶

　　生态因素可分为包括气候、大气成分和水等非生物因素以及影响生物生存的其他生物因素。生物之间的相互关系包括竞争、捕食、寄生和共生等多种类型，其中作用最大的是竞争与捕食。

　　生物群落及其相应的环境构成了生态系统，它是一个不断进行着物质循环和能量流动过程的统一整体。生态系统结构包括生产者、消费者、分解者和非生物环境四大基本成分。能量流动通过各个营养级逐步减少，从而形成能量金字塔。

　　生态系统中的能量流动和物质循环能够较长时间地保持着一种动态的平衡，这种平衡状态就叫生态平衡。导致生态平衡被破坏的因素有自然因素和人为因素，自然因素导致生态平衡被破坏的频率是较低的，主要是人为因素破坏生态平衡。要使人与自然和谐地发展，必须采取措施，保护生态平衡。

思维导图 ▶

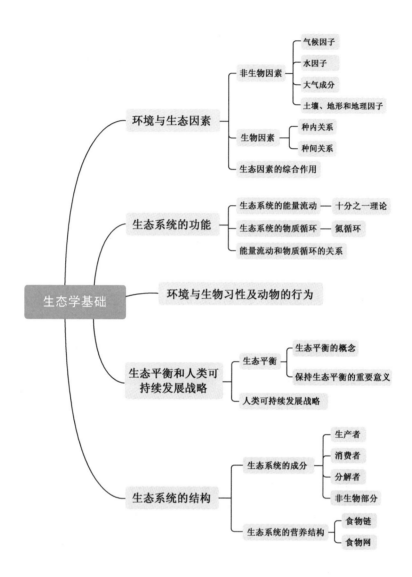

## 4.1　环境与生态因素

环境与生物的相互作用包括两个方面：一方面，生物的生长、繁殖、代谢和分布等一切活动都要受到环境的影响和制约；另一方面，生物的活动又反过来会引起环境的变化。

对于某个生物，其周围一切客观存在都是它的环境。环境中影响生物的形态、生理和分布等的因素，叫生态因素。生态因素可分为包括气候、大气成分和水等非生物因素以及影响生物生存的其他生物因素。

图 4-1-1　生命的家园

### 一、非生物因素

#### 1. 气候因子

气候因子也称地理因子，包括阳光、温度、湿度、空气等，常直接作用于个体和群体，主要影响个体生存和繁殖、种群分布、群落结构等。比如温度影响生物的生长、发育、分布以及生物体的新陈代谢需要在适宜的温度范围内进行，饲养类家畜在 18～20 ℃温度下生长最快，温度过高或过低都会抑制生猪的生长和发育；在寒冷地带或者海拔较高的森林中,针叶林较多,在温暖地带森林中,阔叶林较多。光是植物生存的必需条件之一,在光的作用下,植物才能进行光合作用,因此,光照对植物的生理和分布起着决定性的作用。有的必须在强光下生长,如松、杉、柳、槐、小麦和玉米等;有的能生活在比较阴暗的地方,如药用植物人参和三七等,但漆黑的山洞里就没有植物生存。光对动物的影响也很显著,有的动物白天活动,有的夜间出没。日照的长短还影响到动物的生殖。

图 4-1-2　一个区域内的温度、光照、降雨与湿度等气候因子对生物的影响

### 2. 水因子

水是生物体的重要组成部分,因此,水也是一种重要的非生物因素。对植物来说,水分的多少与植物的生长发育有很大的关联;对动物来说,缺水比缺少食物的后果更为严重。在一定地区,一年中降水总量和雨季的分布,是决定陆生生物数量与分布的重要因素。

### 3. 大气成分

地球被一层厚达 1 000 km 的大气包裹着,大气的最底层的浓度比最高层的浓度大得多,海拔越高,大气含量越稀薄。大气的组成成分一直处于动态变化之中,它与生物的生存和生长关系极其密切。今天,大气各组分中,氮气含量超过 75%,氧气约为 21%,二氧化碳在 0.03%～0.04% 之间,此外还有少量的水分、各种惰性气体和尘埃等。自 20 世纪初以来,二氧化碳含量一直在增加,逐渐形成了温室效应,而某些工业化大城市上空的氧气含量已低于 20%,因此,人类应加强大气组成的调控,造福于后代。

### 4. 土壤、地形和地理因子

土壤是指岩石历经长时间的风吹、日晒、雨淋后风化的产物,包含有大大小小的沙砾、无机盐和矿物质,还有各种各样的黏性物质。决定土壤肥力的高低既有天然的原因,也有人为的因素。土壤的肥力对该地区植被的生物量产生重大的影响,从而决定了各种动物的种群和个体数量。另外,地形和地理位置等诸多方面也发挥了不可替代的作用。

## 二、生物因素

影响某种生物个体生活的其他所有生物,在这些生物中,既有同种生物,也有不同种生物,因此,生物因素可以分为两种:种内关系和种间关系。

### 1. 种内关系

在一定时空范围内同种生物个体的总和叫作种群。例如,一个鱼塘中全部的鲤鱼就是一个种群;一片森林中全部的马尾松也是一个种群。同一种群内不同个体之间的关系叫种内关系。生物在种内关系上,既有种内互助,也有种内斗争。

同种生物生活在一起,通力合作,共同维护群体的生存。如:群聚生活的某些生物,聚集成群,对捕食和御敌是有利的。这种种内互助现象是种群关系中非常常见的。例如,麝牛聚集成群时,遇到狼群,雄牛就围成一圈,头朝外面,把雌牛和小牛围在圈内,可免遭狼群袭击。

种内斗争是同种个体之间由于食物、栖所、寻找配偶或其他生活条件的矛盾而发生斗争的现象。例如,猕猴群中,猴王死后,雄猴为争夺"王位"而打得头破血流;生殖季节,公鹿为争夺配偶而相互用角攻击。

生物的种内斗争是残酷的,对于失败的个体来说是有害的,甚至引起死亡,但对种的生存是有利的,可以使同种内生存下来的个体得到比较充分的生活条件,对本物种也是一种选择,会使生出的后代更优良些。

### 2. 种间关系

生物群落是指在特定的时间、空间或生物环境下,具有一定的生物种类组成、外貌结构，各种生物之间、生物与环境之间彼此影响、相互作用，并具特定功能的生物集合体。也可以说，一个生态系统中具有生命的部分，即生物群落，它包括植物、动物、微生物等各个物种的种群。例如，草原中所有生物构成一个群落，包括牧草、杂草等植物，昆虫、牛、羊等动物，细菌、真菌等微生物。同一生物群落中不同种群之间的关系叫种间关系。种间关系包括互利共生、寄生、竞争和捕食等。

图 4-1-3　动物的捕食现象

两种生物生活在一起，由于争夺资源、空间等而发生斗争的现象叫竞争。结果往往对一方不利，甚至被消灭。例如，水稻和稻田中的杂草争夺阳光、养料和水分，小家鼠和褐家鼠争夺居住空间和食物等。

捕食是指一种生物以另一种生物为食的现象。例如，兔以某些植物为食物，小型肉食动物以草食动物为食等。

两种生物共同生活在一起，相互依赖，彼此有利；或对一方有利但对另一方无害；如果彼此分开，则双方或者一方不能独立生存。两种生物的这种关系叫共生。例如，地衣是藻类与真菌共生体，豆科植物与根瘤菌的共生，某种海葵附着于海螺的外壳，海螺内有寄居蟹，海葵的刺丝对寄居蟹起到保护作用，同时寄居在海螺壳内的海蟹不时地移动给了海葵捕取食物的便利。

一种生物寄居在另一种生物的体内或体表，从那里吸取营养物质来维持生活,对寄主有利,对宿主有害,这种现象叫寄生。例如,血吸虫和蛔虫等寄生在其他动物的体内,虱和蚤寄生在其他动物的体表,菟丝子寄生在豆科植物上,噬菌体寄生在细菌的内部等。

### 三、生态因素的综合作用

环境中的多种生态因素对生物体是同时起作用,而不是单独地、孤立地起作用。因此,生物的生存和繁衍,受多种生态因素的综合影响。但对某个或某种生物来说,各种生态因素所起的作用并不是同等重要的。例如,在自然状态下,影响蛋鸡产蛋的因素有很多,如食物、温度、光照时间等。其中哪些因素是主要的,哪些因素是次要的,在不同的季节和环境中会发生变化。日照时间对于鸡及其他鸟类的生殖生理影响很大,有很多鸟类是春天进入繁殖期的,这些鸟类需要长日照的刺激,通过下丘脑产生促性腺激素释放激素促进垂体合成和分泌促性腺激素,通过促性腺激素促进鸟类性腺的发育并分泌大量的性激素,鸟类就进入繁殖期,出现一系列的繁殖行为。温度对鸟的繁殖行为影响较小,因为鸟类是恒温动物,但夏季的高温也会使鸟类难以忍受,对于家养的鸡鸭之类的禽类来说,往往是导致产蛋量下降的主要因素。生物的生存受到很多生态因素的影响,这些生态因素共同构成了生物的生存环境,生物只有适应环境才能生存。

## 4.2　环境与生物习性及动物的行为

环境的变化对生物产生的影响和生物对环境的适应性是生物与环境相互作用的结果。例如,在长期风向固定的环境中生长的植物其枝干的生长方向会与风向一致。科学家还进行了这样的实验,将一种温带生长的植物立即移植到一个较寒冷的环境,这种植物会受到严重的伤害甚至死亡;如果让这种植物经过逐渐的寒冷锻炼,即逐步降低其环境的温度,给它一个逐渐适应寒冷的过程后,再将这种植物移植到一个同样较寒冷的环境,该植物就可能不再受伤害或者伤害的程度被大大地降低了。以上的例子都是环境对植物习性影响的结果。与植物相比，环境对动物行为的影响则更加显著。动物的许多有规律的行为就是动物适应其环境定向进化的结果。例如，在非洲肯尼亚，每年雨季来临之际，都会有500万角马越过马拉河，规模浩大，一路克服重重困难，这是因为当地10月份迎来雨季，草木生长茂盛，动物们因为粮草而进行大规模迁徙。每年入冬，成千上万头的驯鹿汇集成巨大的鹿群，从北向南，朝森林冻土带的边缘地带转移（图4-2-1）。次年春天，它们再向北方的北冰洋沿岸进发，形成了驯鹿的千里踏雪大迁徙习性。这是因为四五月份，鹿群到达它们熟知的冻土带僻静处，在此养育儿女。

图 4-2-1　驯鹿的雪地迁徙

大部分动物都具有捕食和消化功能、具有神经系统和运动的能力，它们对外界环境的变化能够做出反应。动物的很多复杂应变行为体现了物种内和物种间特殊的生态关系。例如，北方雪地上的所有动物，可怕的北极熊也好，不伤人的海燕也好，却都披上了一层白色，它们在雪的背景下简直看不出来。这种保护色或伪装色有助于捕食，也能躲避捕食者。动物异性间的吸引等生殖行为，动物生存领地的选择、划分和争夺行为，蜂、蚁、猴等动物等级化的社会组织行为等都是环境对生物行为影响的结果。

动物的行为是动物个体或群体有规律或成系统的作为及活动现象。按照其功能一般可归纳为社群行为、定向行为、通讯行为、繁殖行为、节律行为、防御行为和攻击行为等。动物的行为可以是先天的或本能的,也可以通过学习与记忆获得。例如,婴儿的第一次微笑,小狗看见食物流口水等都属于本能的条件反射行为。通过简单学习与记忆获得一种有规律行为的例子很多,印记是其中最典型的一例,它是指发生在动物生活的早期阶段、由直接印象形成的学习行为(图 4-2-2)。动物专家很早就发现,刚出生的绿头鸭在与母鸭隔离的情况下,会跟着一个粗糙的模型鸭走,也会跟着一个缓慢步行的人走,甚至会跟着一个移动的纸盒子走,而且会对后者产生依恋。这种印记学习一般只发生在动物出生后的幼年阶段,这种早期的印记对其以后生长阶段的行为会产生一定的影响。

图 4-2-2　印记学习

为什么动物的个体或群体会发生有规律或成系统的作为及活动现象呢? 科学研究显示,引起动物行为最主要的因素除了生态环境的影响和刺激外,还在于生物与环境长期相互作用和进化过程形成了这种行为的生理和遗传基础。例如,科学家已经发现,激素对动物的行为有明显的激活效应:动物细胞的一些特定基因对于某种行为是必需的。

## 4.3　生态系统的结构

生态系统是指在一定地域内,生物与环境所形成的统一的整体,如一片农田、一条河流。它包括生物部分和非生物部分,这些组成成分并不是毫无联系，而是通过物质和能量的联系形成一定的结构。生态系统的结构包括两方面内容：生态系统的成分；生态系统的营养结构。

# 一、生态系统的成分

生态系统的组成成分非常复杂，主要包括生物和非生物两大部分。

## （一）生产者

由藻类、绿色植物、光合细菌和化能细菌组成的生产者是生态系统中有机质的制造者，是生态系统最基本的组成成分。它们能够利用阳光，通过光合作用，把无机物制造成有机物，把光能转变成稳定的化学能，所以称之为生产者。

## （二）消费者

由食草动物、食肉动物、杂食动物、腐食生物组成的消费者与生产者一起构成了生态系统的食物链或食物网。动物中直接以绿色植物为食的称之为植食性动物，也叫初级消费者，如牛、羊等动物。以植食性动物为食的动物称之为肉食性动物，也叫次级消费者，如猫头鹰、狼和豹子等动物。

## （三）分解者

细菌、真菌等微生物是生态系统有机质的分解者，它们的存在对于生态系统的物质循环是必不可少的。它们能将动植物遗体残骸中的有机物分解成无机物，归还到无机环境中，再被生产者重新利用。

## （四）非生物部分

生态系统的非生物部分，包括如氧气、二氧化碳、水、各种无机盐等在内的无机物，如蛋白质、糖类、脂类、核酸等在内的有机化合物，还包括太阳能、气候、大气成分等。生态系统的非生物部分构成了生命的支持系统（图 4-3-1）。

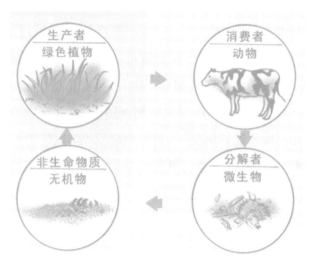

图 4-3-1　生产者、消费者和分解者联系图

## 二、生态系统的营养结构

在生态系统中,通过处于不同营养水平的生物之间的食物传递形成了一环套一环的链条式关系结构,叫作食物链。例如,兔子吃草,鹰吃兔子,这是一条简单的食物链。这条食物链从草到鹰共三个环节,也就是三个营养级,生产者草是第一营养级,初级消费者兔子是第二营养级,次级消费者鹰是第三营养级。各种动物所处的营养级的级别并不是一成不变的。例如,鹰捕食初级消费者兔子的时候,它属于第三营养级,当它捕食次级消费者蛇的时候,它就属于第四营养级。

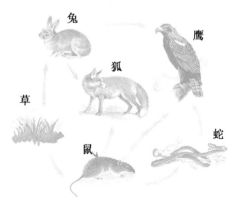

图 4-3-2　森林生态系统的食物网

在生态系统中，一种生物往往并不只参与一条食物链的形成，它们可以同时参与到多条食物链中。例如，一些杂食动物，既可以以动物为食，又可以以植物为食。草食性动物既可以被蛇等二级消费者捕食，又可以直接被三级或四级消费者捕食。因此，生态系统中的营养关系实际上是一种网状结构，因此称为食物网。图 4-3-2 是一种陆地生态系统食物网的简示图。通常情况下，食物网越复杂，生态系统就越稳定；食物网越简单，生态系统就越容易发生波动或遭受毁灭。生态系统中的各种生物成分正是通过食物网发生直接和间接的联系，维持着生态系统的功能和稳定。

# 4.4　生态系统的功能

生态系统在特定的环境中作为一个统一的整体，不仅具有一定的结构，而且具有一定的功能。生态系统的主要功能是进行能量流动和物质循环。

## 一、生态系统的能量流动

生态系统中能量的输入、传递、转化和散失的过程，称为生态系统的能量流动。太阳能是生态系统内最初最原始的能源。在生态系统中，能量的形式不断转换，太阳辐射能通过绿色植物的光合作用转变为储存于有机物化学键中的化学能；动物通过消耗自身体内储存的化学能变成爬、跳、飞、游的机械能。在这些过程中，能量既不能凭空产生，也不会消失，只能由一种形式转变为另一种形式。因此，对于生态系统中的能量转换和传递过程，都可以根据热力学第一定律进行定量计算。能量在生态系统中的流动，很大部分被各个营养级的生物利用，通过呼吸作用以热能的形式散失。散失到空间的热能不能再回到生态系统参与流动，因为至今尚未发现以热能作为能源合成有机物的生物。所以，相邻两个营养级的能量传递效率大约是 $10\% \sim 20\%$。例如，在由绿草、兔子和老鹰 3 个环节组成的食物链中，兔子吃草，老鹰再吃兔子。

能量沿着食物链在流动时(图 4-4-1),大约只有 10% 叶片的能量被转化成兔子的能量,叶片其余的能量通过兔子的细胞呼吸和兔子排泄物被微生物分解,最终以热能的形式散失。同样,兔子被老鹰摄食后,也仅有大约 10% 的能量被转化贮存在老鹰体内。能量在生态系统中各级营养水平生物之间传递的效率很低,能量在各营养水平的生物间每传递一次,便损失掉很多(约 90%)。由于通过食物链后能量的逐级损失,食物链中的能量也呈现下宽上窄的金字塔型,称为能量金字塔(图 4-4-1)。相应地,营养等级越高,归属于这个营养水平的生物种类和数量就越少,如此便形成了食物链由下向上的金字塔构造,被称为生物量金字塔(图 4-4-2)。在自然界,海洋浮游藻类、光合细菌和陆生植物位于金字塔的基部,因此生物量最大,位于金字塔上部的各种异养动物的生物量越来越少。

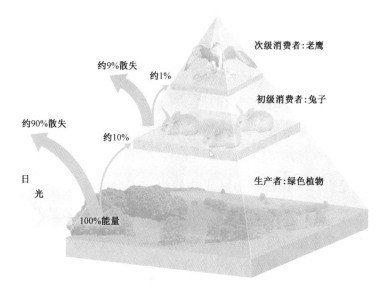

图 4-4-1 生态系统中的能量金字塔

图 4-4-2　生态系统的生物量金字塔

## 二、生态系统的物质循环

生态系统依靠太阳不断提供能量，而生态系统中的物质却都是由地球提供的。生物为维持生命每天都要消耗大量的物质，如氧、氢、氮、碳和许多其他物质，而这些物质可以被循环利用，所以亿万年来没有被生命活动所耗尽。这些物质的循环叫作生物地球化学循环，因为它们既涉及生物化学系统，又涉及地球化学系统。下面以氮为例说明物质在生态系统的循环过程。

氮是蛋白质和核酸不可或缺的组成成分。$N_2$ 在空气中含量为 $78\%$。氮气不能直接被绝大多数的生命体利用，因为氮是不活泼元素，它们难以被直接应用。许多植物只能以 $NH_4^+$ 或 $NO_3^-$ 为氮源，并在植物体中被转变成含氮有机物。自然界中有些微生物如固氮细菌能够将大气中的 $N_2$ 固定转变成氨态或硝酸态的氮，经过这样的处理和加工，可直接被植物吸收和利用用来合成生物体的成分。总体来说，自然界可以被生物直接利用并达到一定浓度的氮仍然是短缺的，因此人们不得不在化肥厂消耗大量的能量来合成氮肥以弥补农业中可利用氮的短缺。异养的动物和微生物都是通过从其他动植物的组织中获得它们所需要的氮。各类生物通过体内的呼吸与氧化作用来分解蛋白质等，使之转变成氨、尿素或尿酸再排出体外。这些氮源又可以再次被植物吸收和利用(图 4-4-3)。

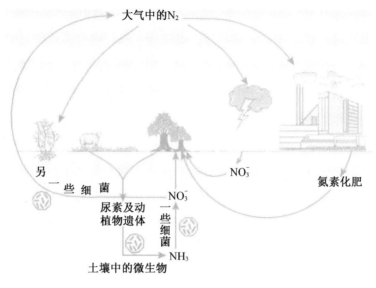

图 4-4-3　氮循环

## 三、能量流动和物质循环的关系

能量流动和物质循环都是借助于生物之间的取食过程进行的,在生态系统中,能量流动和物质循环是紧密地结合在一起同时进行的,它们把各个组分有机地联结成为一个整体,从而维持了生态系统的持续稳定。在地球上,极其复杂的能量流和物质流网络系统把各种自然成分和自然地理单元联系起来,形成更大更复杂的整体——生物圈。

## 4.5　生态平衡和人类可持续发展战略

### 一、生态平衡

在生态系统中,生物的新陈代谢时刻在进行,既有新的个体产生,又有老的个体死去。因此,各种生物的数量是在不断地变化的,也就是说,生态系统的结构和功能是处于动态变化之中的。

### （一）生态平衡的概念及影响的因素

在自然界中，不论是森林、草原、湖泊——都是由动物、植物、微生物等生物成分和光、水、土壤、空气、温度等非生物成分组成的。每一种成分都不是孤立存在的，而是相互联系、相互制约的统一综合体。它们之间通过相互作用达到一个相对稳定的平衡状态，称为生态平衡。

造成生态平衡失调的原因是多方面的，归纳起来可以从两个方面来阐述：自然因素造成的失调和人为因素造成的失调。自然因素主要是指各种各样的自然灾害。人为因素是指人类对自然资源的不合理利用和工业发展带来的环境污染。人为因素的破坏简单来说分为植被的破坏、食物链的破坏和环境的污染。

### （二）保持生态平衡的重要意义

生态平衡是生物维持正常生长发育、生殖繁衍的根本条件，也是人类生存的基本条件。生态平衡遭到破坏，会使各类生物濒临灭绝。20世纪70年代末期，两栖动物的数量开始锐减，到了1980年已有129个物种灭绝。2005年初，一份全球两栖动物调查报告"全球两栖动物评估"显示，目前所知的全球5 743种两栖动物有32%都处于濒危境地。但是科学家还不清楚为什么会导致两栖动物如此锐减，目前主要的理论根据就是栖息地减少。

保持生态平衡，并不只是维护生态系统的原始稳定状态，人类还可以在遵循生态平衡规律的前提下，建立新的生态平衡，使生态系统朝着更有益于人类的方向发展。例如，人们大力开展植树造林，不仅能够美化环境，改善气候，还能使鸟类等动物的种类和数量增加，使生态系统建立起新的生态平衡，从而造福当代，荫及子孙。

## 二、人类可持续发展战略

可持续发展是指既满足当代人的需要，又不损害后代人满足其需要的能力的发展。可持续发展定义包含两个基本要素或两个关键组成部分："需要"和对需要的"限制"。满足需要，首先是要满足贫困人民的基本需要。对需要的限制主要是指对未来环境需要的能力构成危害的限制,这种能力一旦被突破,必将危及支持地球生命的自然系统——大气、水体、土壤和生物。

目前人类总人口已超过 60 亿,这是一个有点恐怖的数字！为什么呢？每个人要生存下去,首先必须有足够的食物,还有衣物,以及因为更高层次的精神享受需求而需要的各类资源等,这是一个不可衡量的数据,它一直在增大,却没有一个限制,当然也很难去限制。而可持续发展就是一个为时未晚的补救,首先我们必须得控制人口,否则地球将不堪重负;人口得到控制,资源的消耗自然会在量上有所限制。接下来就是如何真正地使资源足够当代人的发展又不会影响后代,可持续发展就是要解决这个问题,我们在这块就得着力于知识技术的发展,从而可以充分利用资源,减少浪费,降低污染。做好以上两点,自然能够保护好环境,建设一个环境优美、社会秩序良好、经济良性循环的社会环境。

图 4-5-1　可持续发展总体策略

## 全球的生态灾难有哪些?

生态平衡又称"自然平衡",是自然生态系统中生物与环境之间,生物与生物之间的相互作用而建立起来的动态平衡联系。一旦受到人为因素或自然的过度干扰,超过了生态系统自我调节能力时,生态系统的结构和功能就会遭到破坏,使生态系统不能恢复到原来状态,这称为生态失调,严重的就是生态灾难。生态灾难包括:1. 温室效应——全球气温升高;2. 水资源枯竭——逼近人类社会的危机;3. 森林面积减少——森林资源枯竭;4. 废物质污染及转移——严重污染生存环境;5. 土地退化和沙漠化——荒漠化严重;6. 臭氧层破坏——影响地面生物正常生长;7. 生物多样性减少——物种不断消失;8. 核污染——摆脱不掉的阴影;9. 海洋污染——海洋环境的恶化;10. 噪声污染——永无宁日的呐喊。

## 本章小结

本章通过生态学的学习,使学生全面掌握生态学的基础理论和研究方法,学习了生态学研究的发展动态与热点,激发学生热爱大自然的兴趣,以及勇于探求生物与环境之间相互关系的奥秘。

## 思考训练

1. 下列关于物种的叙述,正确的是                （    ）

  A. 不同种群的生物肯定不属于同一个物种

  B. 是具有一定形态结构和生物功能、能相互交配的一群生物个体

  C. 隔离是形成新物种的必要条件

D. 在物种形成过程中必须有地理隔离和生殖隔离

2. 下列生物之间吃与被吃的关系,描述不正确的是　　　　　（　　）

    A. 鸡吃蚱蜢,蚱蜢吃青草　　　　B. 狼吃鸡,鸡吃虫,虫吃青菜

    C. 鹰吃蛇,蛇吃鼠,鼠吃稻　　　　D. 蛇吃鸡,鸡吃蛙

3. 水俣病是由于汞中毒引起的,在"水草→虾→鱼→鱼鹰"食物链中,体内汞含量最高的是　　　　　　　　　　　　　（　　）

    A. 水草　　　　B. 虾　　　　C. 鱼　　　　D. 鱼鹰

4. 下列表述正确的是　　　　　　　　　　　　　　　（　　）

    A. 生态学是研究生物形态的一门科学

    B. 生态学是研究人与环境相互关系的一门科学

    C. 生态学是研究生物与其周围环境之间相互关系的一门科学

    D. 生态学是研究自然环境因素相互关系的一门科学

5. 下列食物链中表达正确的是　　　　　　　　　　　（　　）

    A. 青蛙←田鼠→蛇←鹰　　　　B. 兔→青草→鹰→狐

    C. 油菜→菜青虫→鸡→鹰　　　　D. 青草→青蛙→蛇→鹰

6. 在一段倒伏的树干上,生活着蘑菇、苔藓、蚂蚁等,这些生物可组成一个　　　　　　　　　　　　　　　　　　（　　）

    A. 种群　　　　B. 群落　　　　C. 生态系统　　　D. 生物圈

7. 下列关于生态系统的叙述中,错误的是　　　　　　　（　　）

    A. 生态系统的结构由生产者、消费者和分解者三种成分组成

    B. 生态系统中的能量最终都以热量形式散发到大气中

    C. 森林生态系统的自动调节能力大于草原生态系统

    D. 生态系统的物质循环是通过食物链、食物网这种渠道进行的

8. 减缓大气中 $CO_2$ 大量增加的可能且有效的方法是　　（　　）

    A. 立即减少煤和石油的燃烧

    B. 控制全球人口急剧增长

    C. 植树造林,保护森林

    D. 将煤和石油转化为气态燃料

9. 流经生态系统的总能量是指　　　　　　　　　　　（　　）

A. 射进该系统的全部太阳能

B. 照到该系统内所有植物体上的太阳能

C. 该系统的生产者所固定的太阳能

D. 生产者传递给消费者的全部能量

10. 自然环境中影响生物有机体生命活动的一切因子是 （ ）

A. 生存因子 B. 生态因子 C. 生存条件 D. 环境因子

11. 生物对环境的适应和环境对生物的影响两者相比较而言,哪一方面更为关键?

12. 在生态系统中,能量在流经各个营养级时,为什么会逐级递减? 这与能量守恒定律相矛盾吗?

13. 从生态系统能量流动角度分析在市场上,肉一般比粮食贵的原因。

14. 怎么样保持地球圈生态平衡健康持续地发展?

15. 你所生活的地区,有没有环境污染的现象? 这些污染是怎样造成的? 有哪些危害?

# 第 5 章　现代生物技术的简介

章 首 语 ▶

　　生物技术是"应用生物或来自生物体的物质制造或改进一种商品的技术,其还包括改良有重要经济价值的植物与动物和利用微生物改良环境的技术"。现代生物技术包括基因工程、蛋白质工程、细胞工程和发酵工程等工程技术。其中基因工程技术是现代生物技术的核心技术。

**思维导图 ▶**

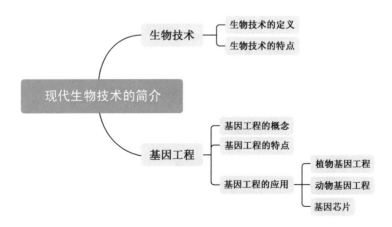

## 5.1 生物技术

### 一、生物技术的定义和特点

生物技术也称生物工程，是指人们以现代生命科学为基础、结合先进的工程技术手段和其他基础学科的科学原理，按照预先的设计改造生物体或加工生物原料，为人们生产出所需产品或达到某种目的的一门新兴的、综合性的学科。

20世纪中叶后，随着一些生物学领域的重要发现，以及随后产生的新手段和新技术，开始形成以现代生物科学研究成果为基础，以基因工程为核心的新兴学科。现代生物技术的产生和发展是以1953年DNA双螺旋结构模型的建立为基础，以20世纪70年代DNA重组技术的建立为标志。现代生物技术与其他高新技术一样具有其基本特征：高投入，前期研究及开发需要大量的资金投入；高效益，可带来高额利润；高智力，具有创造性和突破性；高竞争，时效性的竞争非常激烈。

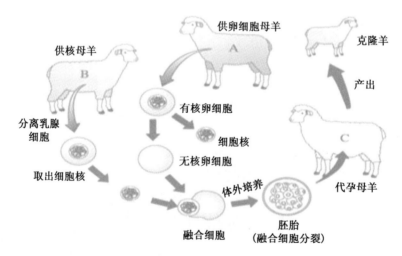

图 5-1-1　多利羊的克隆过程

## 5.2　基因工程

### 一、基因工程的概念及特点

基因工程又叫重组 DNA 技术,是指在基因水平上,按照人类的需要进行设计,然后按设计方案创建出具有某种新的性状的生物新品系,并能使之稳定地遗传给后代。

基因工程有两个基本的特点:分子水平上的操作和细胞水平上的表达。自然界中发生的遗传重组主要是靠有性生殖。基因工程技术的诞生使人们能够在体外进行分子水平上的操作,构建在生物体内难以进行的重组,然后让重组的遗传物质在宿主细胞中表达。

### 二、基因工程的应用

基因工程自 20 世纪 70 年代兴起后,在短短的几十年间,得到了飞速的发展,目前已成为生物科学的核心技术。基因工程在实际应用领域——农牧业、工业、环境、能源和医药卫生等方面,也展示出美好的前景。

#### (一)植物基因工程

植物像人一样也会生病。引起植物生病的微生物称为病原微生物,主要有病毒、真菌和细菌等。例如,许多栽培作物由于自身缺少抗病毒的基因,因此,用常规育种的方法很难培育出抗病毒的新品种,而基因工程技术,为培育抗病毒植物品种开辟了新的途径。目前,人们已获得抗烟草花叶病毒的转基因烟草和抗病毒的转基因小麦、甜椒、番茄等多种作物。

#### (二)动物基因工程

目前,人体移植器官短缺是一个世界性难题。为此,人们不得不把目光移向寻求可替代的移植器官。由于猪的内脏构造、大小、血管分布与人极为相似，而且猪体内隐藏的、可导致人类疾病的病毒要远远少于灵长类动物，是否可以用猪的器官来解决人类器官的来源问题呢？科学家将目光集中在小型猪身上。实现这一目标的最大难题是免疫排斥。目前，科学家正试图利用基因工程方法对猪的器官进行改造，采用的方法是将器官供体基因组导入某种调节因子，以抑制抗原决定基因的表达，或设法除去抗原决定基因，再结合克隆技术，培育出没有免疫排斥反应的转基因克隆猪器官。

### （三）基因芯片

基因芯片又叫作 DNA 芯片。其概念来自计算机芯片，是伴随"人类基因组计划"的研究进展而快速发展起来的一门高新技术。基因芯片的用途广泛，可以用于基因测序，寻找有用的目的基因，或对基因的序列进行分析。例如，科学家用基因芯片分析了黑猩猩与人某段基因序列的差异，结果发现二者核酸序列同源性在 83.5%～98.2%，揭示了二者在进化上的高度相似性。

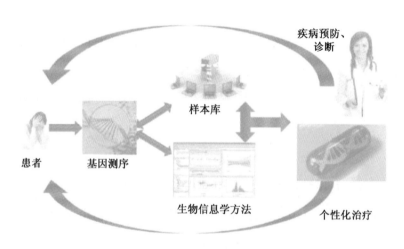

图 5-2-1　基因测序的应用

基因芯片在临床诊断方面表现出的独特优势是：它不仅能在早期诊断中发挥作用；与传统检测方法相比，它可以在一张芯片上，同时对多个病人进行多种疾病的检测；利用基因芯片，还可以从分子水平上了解疾病。基因芯片的这些特点，能够使医务人员在短时间内掌握大量的疾病诊断信息，找到正确的治疗措施。除此之外，基因芯片在新药的筛选、临床用药的指导等方面,也有重要作用。总之,基因芯片诊断技术以其快速、高效、自动化等特点,将成为一项现代化诊断新技术,并成为学术界和企业界所瞩目的研究和开发的热点。

## 知识链接

### 干细胞

人类进入 21 世纪,面临许多新的问题:人口老龄化、环境污染、饮食结构不合理、多种退行性疾病发病率逐渐上升;心脑血管疾病、癌症、糖尿病、帕金森病。修复、替代衰老损伤器官成为医学界的重点研究领域,再生医学研究和应用成为治疗许多传统医学难以解决的重大疾病,如白血病、帕金森病的新希望。再生医学的发展与干细胞技术的发展是密不可分的。正是干细胞技术突飞猛进的发展,给人类健康带来令人兴奋的期望。

干细胞是具有长期自我更新和产生至少一种终末分化细胞能力的细胞。例如骨髓中的造血干细胞,分化产生红细胞、白细胞、淋巴细胞等。血液系统细胞更新很快,干细胞是细胞更新的源泉,在人的整个生命周期中,骨髓都能够维持造血功能。所以说干细胞是个体发育和组织再生的基础。

干细胞可以分为:1. 胚胎干细胞,即指胚胎早期的干细胞。这类干细胞分化潜能大,具有分化为机体任何组织细胞的能力。如囊胚期内细胞团的细胞。2. 成体干细胞:指成体各组织器官中的干细胞,成体干细胞具有自我更新能力,但分化潜能小,只能分化为相应(或相邻)组织器官组成的细胞。如神经干细胞,表皮干细胞。

中国政府对干细胞技术非常重视。政府把干细胞列为 863 和 973 计划,在 973 计划中,干细胞领域是立项最多的一个。"十二五"规划明确将"干细胞研究,发育与生殖研究"列为六个重大科学研究,并在规划中要求有关单位集中优势力量,推进重大科学研究计划实施。政府还建立了科技部国家干细胞工程技术研究中心、发改委细胞产品国家工程研究中心和湖南长沙人类胚胎干细胞国家工程研究中心三大研究机构，推动干细胞的研究。

## 本章小结

本章依据目前现代生物科技的发展状况，选其具有代表性的技术——基因工程，对其特点和应用进行简单的阐述。

## 思考训练

目前超市里有哪些转基因食品？你认为应该如何对待转基因食品的安全性问题？

# 【主要参考文献】

[1] 钱凯先. 基础生命科学导论[M]. 北京:化学工业出版社,2008.

[2] 吴庆余. 基础生命科学[M]. 北京:高等教育出版社,2006.

[3] 人民教育出版社生物室. 生物[M]. 北京:人民教育出版社,2001.

[4] 陈鸥. 生物[M]. 北京:高等教育出版社,2012.

[5] 刘广发. 现代生命科学概论[M]. 第 3 版. 北京:科学出版社,2014.

[6] 黄文. 科学. 生物[M]. 长沙:湖南科学技术出版社,2008.

[7] 王保林,窦广采. 科学:奇妙的生命科学[M]. 郑州:郑州大学出版社,2008.

[8] 徐晋麟. 现代遗传学原理[M]. 第 3 版. 北京:科学出版社,2011.

[9] 普通高中课程标准实验教科书生物必修 2[M]. 北京:人民教育出版社,2001.

[10] 翟中和,王喜忠,丁明孝. 细胞生物学[M]. 第 4 版. 北京:高等教育出版社,2011.